高等院校纺织服装类 "十三五"部委级规划教材
经典服装设计系列丛书

服 装 款 式 大 系

——男夹克·棉褛
款式图设计800例

主 编　曾 丽　陈贤昌
著 者　熊晓光　薛嘉雯

U0377604

东华大学 出版社
·上海·

图书在版编目（CIP）数据

服装款式大系：男夹克·棉褛款式图设计800例 /曾丽，陈贤昌主编.
—上海：东华大学出版社，2018.1
ISBN 978-7-5669-1253-4

Ⅰ.①男… Ⅱ.①曾… ②陈… Ⅲ.①男服－夹克-服装设计-图集
Ⅳ.①TS941.718.4

中国版本图书馆CIP数据核字（2017）第166705号

责任编辑　赵春园　吴川灵
封面设计　张　丽

服装款式大系
——男夹克·棉褛款式图设计800例

主编　曾　丽　陈贤昌
著者　熊晓光　薛嘉雯
出　　　版：东华大学出版社(上海市延安西路1882号，200051)
天猫旗舰店：http://dhdx.tmall.com
营 销 中 心：021-62193056　62373056　62379558
电 子 邮 箱：498733221@qq.com
印　　　刷：苏州望电印刷有限公司
开　　　本：889mm×1194mm　1／16
印　　　张：22.5
字　　　数：792千字
版　　　次：2018年1月第1版
印　　　次：2018年1月第1次印刷
书　　　号：ISBN 978-7-5669-1253-4
定　　　价：88.00元

总　序

时尚与创意，生活与品味，是现代服装设计所追随的理念，也是当代服装设计的灵魂。

男装设计是服装设计中一个跨度大、突破难度高的领域。应东华大学出版社的要求，我们对现代男装设计进行了深入的研究与探讨，针对服装款式大系男装系列设计丛书定位、命名展开了多次的分析与讨论，确立了《男大衣·风衣款式图设计800例》《男衬衫·T恤款式图设计800例》《男夹克·棉袄款式图设计800例》《男西装·裤子款式图设计800例》四本设计专著的撰写方向。

整体创作以基于市场又高于市场的设计理念，领先于一般系列丛书的目标定位。本系列丛书以完整的款式设计目标，体现良好的市场应用价值，具备一定的前瞻性、可延伸性。我们着眼于当代国内外精湛的设计思想，力求体现具有研究、分析以及可应用性的原则，在理论性、实践性和应用性的基础上充分体现出全系列丛书总体质量，并具备一定的权威性与学术性，力求达到丛书的总体目标。

文字部分撰写应体现一定的理论性、专业性和学术性；服装设计图应具有较高的时代与时尚美感，体现出一定的应用性、时尚性和拓展性；服装设计效果图力求达到较高的表现水平，具有一定的艺术性和实用性，充分体现出服装设计的专业性；服装款式设计图应以品牌服装企业的设计要求，体现出较专业的设计能力；案例分析应具有典型性、专业性和细节性特点，体现出较高的服装专业水平。上述要求贯穿于全书写作。

机缘巧合，尘埃落定。我们有幸与三所学校八位作者合作，从2015年12月至2017年3月四本专著分别完成交稿，期间从广州大学城（广州大学）的第一次定稿到中期的多次修正，以及后期不断重复的调整，一次次的研讨、探索与争论，蕴含着多少不为人知的故事，给我们留下了难忘的回忆。非常感谢八位教师、设计师作者的合作，与大家分享精彩的创作经验和设计历程，给我们带来的是在时尚设计中如何妙手丹青，如何让现代男装设计煜煜生辉，带来了经典与时尚中全系列的男装设计作品。

我们认为任何一件成功的作品，其创新往往是起到决定性的作用，好的创新不是对过去的重复，而是强调新的突破，它带有原创性、开创性的特点。从成功的案例中不难看出，好的创新一定能出人意料、标新立异、与众不同，好的创新又一定与成衣设计、与生活相结合，既符合现代审美情趣又适合市场发展的需求。首先，它建立在正确的思想指导下寻求创新的方法与思路，以求达到最大限度上的完美效果；其次，它建立在作者知识积累的基础上，是作者思维能力、艺术修养的综合反映。我们现在正处在一个提倡中国制造走向中国智造的年代，理念需要创新，科技需要创新，时尚艺术当然也离不开创新。

我们组建的男装系列设计丛书著作团队，正是基于这种思想和态度，群策群力，在教学与时尚设计实践中相互穿插、相互依存、相互促进，在创作中不断开拓、不断深入，力求达到创新与实用互助。

历时15个月的奋斗不息，四本男装设计专著终于画上完满的句号！

每本专著的设计都有着与众不同的设计风格，而最激动人心的是能够探索每一个蕴藏在设计理念下所展示出的真正风貌。但愿这套丛书能受到大家的欢迎，以及为服装市场带来更多、更好的设计作品。

主　编　曾　丽　陈贤昌

2017年6月8日于广州

目 录

第一章

款式设计概述

男夹克款式概述

一、夹克的概念

夹克是英文 Jacket 的译音，也称为茄克，一般指衣长较短、胸围宽松、袖口收紧、下摆收紧，男女都能穿的短上衣的总称，通常用子母扣或拉链做链接门襟的配件，是现代人生活中最常见的服装品类之一。男夹克于 20 世纪 80 年代开始风行，随着时代的进步与社会的发展，男性的着装观念也随着世界服装的发展而表现出多样化与个性化的趋势，夹克也出现了集多样性、功能性与时尚性于一体的多种款式。由于它造型简洁、轻便舒适、年轻而活泼，夹克衫成为了无论男女、不同阶级最惬意的选择之一。

二、男夹克的分类

可以依据功能、风格、款式特点等，对男夹克进行分类。从功能上来划分，可以分为分为用于工作场合的工作夹克衫、用于日常生活的便装夹克以及用于礼仪宴会等场合用的礼服夹克；从风格上划分，可以分为绅士正装夹克、商务休闲夹克、时尚休闲夹克、时尚牛仔夹克等四大类。从款式上来划分，可以从夹克的各个部位特点来分类，根据门襟、领型、下摆造型、肩部结构、版型、材质的不同可以分为更细的类型。如以门襟来分类，可以分为最基本的单排扣、多排扣、双排扣夹克，也可以分为明门襟与暗门襟夹克；以领型来分类，可以分为衬衫领、立领、翻领、翻驳领、双层领、连帽领、可脱卸领以及西装领夹克等；以下摆造型来分类，可以分为收腰夹克与散腰夹克；按肩部造型来分，可以分为落肩袖、插肩袖以及平接肩袖夹克等；以版型来分，可以分为棒球式、狩猎式、飞行员式、爱德华式以及骑士夹克等；以材质来分，可以分为牛仔夹克、羽绒夹克、皮夹克、特殊材质夹克等。本书主要根据风格来划分，分为商务夹克、都市时尚夹克以及运动休闲夹克三大类。

1. 商务风格夹克

商务风格夹克主要是在工作场合穿着，因此夹克在设计上要体现端庄、经典、正规，一般会采用比较高档的面料制作，款式上常见的有翻领夹克、西装夹克、皮衣夹克等，颜色上多见为黑色、棕色以及深蓝等，细节上会比较少装饰，尽量做到简洁。对于一些具有大翻领的夹克，领和袖口上还可以设计一些可拆卸的保暖毛领，以适合不同气候的工作环境及场合。另外，一般的羽绒夹克穿着后的效果比较膨大、笨重，如优衣库品牌推出的轻羽绒夹克能在身材上做到修体、轻便，在款式上有的设计成长款更显得职业化，集保暖和修身为一体。

2. 都市时尚风格夹克

都市时尚风格夹克比较紧贴潮流，一般采用比较时尚的材料制作，如采用跨界材质进行拼接，运用针织与梭织面料的拼接、化纤布料与仿皮材料拼接、毛织面料与提花面料的拼接、灯芯绒与毛料的拼接、塑料材质与仿皮材料的拼接等，并在拼接的位置、形状上做细致的设计与处理，尽量在细节上显出特色。

夹克的细节装饰可以尝试用面料肌理改造、传统手工与现代高科技工艺元素的碰撞组合设计。同时，都市时尚风格的夹克注重廓型感，可以在廓型上多加变化。融入了多种的经典款式廓型，如衬衫型的夹克，加上独特的细节与材质组合，会呈现多元化的创意视觉感受。

3. 运动休闲风格夹克

运动休闲风格的夹克一般常见为棒球型夹克、飞行员夹克等，这些风格的夹克通常用于运动、户外活动穿用，在款式设计上尽量保持宽松造型，让人体活动自如。在色彩上更加注重撞色对比，给人活泼、跳跃的感觉；材质上注重功能性，如面料是否具有耐脏、耐磨功能，是否具有防水透气功能等；款式细节上会有较多的口袋设计以及分割线装饰拼接等。

三、男夹克的色彩设计

1. 商务夹克面料色彩

商务夹克一般分割线会较少，款式比较保守、正规，面料色彩以无彩色或中性色的搭配为主，常见以黑色、白色、棕色、深蓝、灰色等体现男士的稳重、睿智感觉。夹克的面料颜色可以选用沉稳的颜色，搭配的里布可以选用面料的同类色或近似色。

2. 都市时尚夹克面料色彩

都市时尚夹克一般采用的颜色比较鲜艳、繁复，可以通过单色突显夹克造型轮廓的特别、夸张感，也可以通过某些工艺手法把不同面料上的色彩图案进行组合，形成独特的个性效果。

3. 运动休闲夹克面料色彩

运动休闲夹克采用的颜色比较明快、跳跃、醒目，分割线也较多，因此常出现以不同色块组合搭配为特色。色块组合之间以同类色搭配则显得柔和文雅；以邻近色搭配则让人感到和谐舒适；以对比色搭配则显得活泼、鲜明；以互补色搭配则会显得耀眼、个性。

四、男夹克的图案设计

1. 纹样图案

纹样图案一般表现为单独图案装饰于门襟、左前胸或后背的位置，通常以品牌标志或徽章图形为主。如品牌标志一般可以以企业名称的英文字母或企业标志（LOGO）形式出现，一方面可以作为服装的装饰视觉焦点，另一方面可以强化企业品牌的形象，纹样图案的颜色应尽可能与服装的面料色彩相搭配。

2. 面料图案

面料图案一般以满铺的形式出现，图案可以分为动物、几何、人物、风景、民族以及抽象图形等。几何图形的视觉冲击力较强，其特有的直线条、弧线等组合出可简单可复杂的几何趣味形态，给人明快、简约、活力的感觉。动物图案一般以动物纹样作为满铺的装饰。

3. 高科技图案

现代科技的发展使得可以使用机械设备代替手工，如电脑绣花可以代替手工刺绣，使得产品的生产效率提高。在夹克的设计上可以使用仿挑花、打籽、水晶烫钻、数码印刷、串珠、3D压烫技术做出多种多样的效果。

五、男夹克的面料设计

1. 商务风格夹克面料

商务风格的夹克面对的群体是上班一族，面对不同客户的商务精英需要注重自己的形象，这时候夹克的面料需要选用高档的皮革（羊皮、马皮、牛皮）、丝、精纺或粗纺羊毛、毛涤混纺或者经过特殊处理的高级化纤等面料，使得服装穿用舒适，给人庄重、高雅的感觉。冬季可以使用直贡呢、华达呢、麦尔登、天然皮革等面料，春秋季可以使用麻、派力司、斜纹布、丝光平绒、卡其、丝等面料。

2. 都市时尚风格夹克面料

都市时尚风格的夹克一般采用新颖、独特的材料混搭拼接，如塑料、皮革以及经过特殊工艺加工的化纤布、棉布等，显出不一样的质感效果。皮料做的夹克经常给人一种帅气、冷酷的感觉，具有浓郁的摇滚气息，在20世纪50年代皮料夹克经常与牛仔裤搭配显出年轻人的时尚不羁，到了60年代皮衣夹克更加成为了当时的流行标志，后来才慢慢成为了经典的夹克款式之一。在都市时尚风格夹克设计中，可以添加一些女装或民族化的元素面料，例如一些带有民族图案、哑光丝绸面料或闪光针织面料，在面料上进行抽纱、编织、彩绣，或使用带有女性味道的天鹅绒、马海毛、羽毛、珠片珠管或玻璃珠等装饰，有的还可以通过手绘、喷墨等装饰手法印刷在面料上。

3. 运动休闲风格夹克面料

运动休闲夹克要满足人体大幅度运动的特点，还要考虑穿用的环境，一般注重功能性，因此常使用吸汗透气性强、保护性强的面料，如水洗布、卫衣布、尼龙布、灯芯绒、摇粒绒、牛仔布、人造皮革、鹿皮绒等。春秋季节常见的面料有水洗布、卫衣布、牛仔布以及尼龙布等，冬季则常见灯芯绒、摇粒绒、人造皮革等。如水洗布经过特别处理后可以表现出特殊的光泽感，不易变形，不易褪色；卫衣布则经常用于运动风格的夹克设计中。运动休闲风格夹克面料通常会采用比较轻、薄的面料，而且兼具防风防泼水、防紫外线等功能，常见的如GORE-TEX面料，这些新型面料能够压缩成很小的体积，携带方便，为户外运动爱好者提供周全的保护。有的款式会在多个部位添加反光材料的设计，增加了夜间活动的安全性。至今为止，运动休闲风格的夹克面料在技术上做了较多的创新，例如Columbia的2016年春季产品在面料上采用了OUTDRY EXTREME高效轻盈防雨技术，使得面料光滑，增强了服装的耐磨性与阻隔湿气性。再如使用含有不锈钢纱线的太阳能智能面料制作的夹克既轻巧又透气，可以使穿着者在寒冷的冬季通过面料吸收太阳能为其提供热量令其保持暖和。

六、男夹克的细节设计

1. 领型设计

常见的男夹克领型有立领、翻领、驳领以及连帽领等，在多种风格的设计中都有运用。立领的外轮廓型有圆角、方角，圆角立领一般会用在运动休闲风格的夹克设计中，多采用罗纹的面料制作，如棒球夹克；方领立领的变化较多，可以通过领座的高低幅度来显示不同的造型风格，在商务、休闲夹克中常见。商务风格的男夹克大多采用翻领的领型，可以通过翻领的大小、宽窄做出不同的款式变化。驳领一般在西装中常见，通过驳领的变化可以营造出都市时尚的效果。连帽领一般用在运动休闲类的男夹克中，帽子可以收进领子里面，有的可以采用可脱卸的方式设计。

2. 衣袖设计

男夹克的袖子款式常见为装袖和插肩袖，装袖一般还可以分为圆装袖与平装袖，圆装袖一般用在商务风格的男夹克中，平装袖则用在休闲运动类型的款式中；插肩袖一般可以通过不同的袖口形状、袖身做变化营造不同的廓型，使夹克衫更加显得前卫。对于一些休闲运动风格的服装，可以在夹克的腋下位置装上双向拉链的腋下透气系统，以增强衣服内外空气的流通。

3. 口袋设计

男夹克的口袋可以有丰富的造型变化，常见的有贴袋、立体袋、插袋、假袋以及复合袋。袋子可以用不同厚度的面料、不同的袋形变化、车缝线的装饰、袋子装饰的位置，以及往功能性方面考虑设计出具有层次结构感的袋型。口袋上的装饰还可添加拉链、暗扣、魔术贴、绳带等细微配件做装饰。

4. 分割线设计

男夹克的分割线设计一般分为装饰性分割与结构性分割设计。分割设计一般设置在口袋、背部、前胸、袖身等位置，分割的位置可以以不同面料做拼接，装饰性的胶印工艺强调分割线或者采用特殊的工艺手法连接衣片，以增加款式的细节特色。

5. 配饰设计

男夹克的配饰设计比较丰富，可以采用拉链、肩章、徽章、钮扣、钮钉、金属链等进行装饰，如通过不同钮扣类型、数量、间距以及组合方式等可以塑造个性化的时尚风格。通过不同的拉链材质装饰不同的风格造型，如塑料拉链、尼龙拉链可以使用在运动休闲风格的夹克上，金属拉链可以使用在商务风格、都市时尚风格的夹克上；绳带配件一般可以用在休闲运动风格的帽子、底摆上，还可以用在帽子、口袋等位置以编织的方式打造时尚气息。

6. 工艺处理

男夹克的工艺技术主要体现在运动休闲风格的夹克上，如可以在口袋和拉链上添加压胶处理，以加强防水效果；如在袖子或领子上附加反光条的夜光材料，对于户外的夜间出行可以提升安全性，同时增加了服装的美观性。

男棉袄款式概述

一、男棉袄的范畴

从填充物来说，可以分为两类：

1. 男装棉袄

主要填充物为 100% 聚酯纤维，保暖性好，便于洗涤。可穿着于春秋两季，适宜气温较高的南方地区。

2. 男装羽绒

羽：是鸭或鹅的背部和尾部的带羽杆的小羽毛。绒：是由不含毛杆的羽毛，在其羽枝上长出的许多簇细丝，通过绒上的细丝相互交错形成了稳定的热保护层。因此，绒是羽绒保暖的主要材料。将羽绒经过洗涤、干燥、分级等工艺处理以后，被制成羽绒服。成为冬季御寒服装。羽绒服具有防寒性好、轻柔蓬松、洗涤方便、物美价廉、绿色纯天然等优点，所以消费者对羽绒服的需求越来越旺盛，使羽绒服市场的发展空间依然很大。男装棉袄设计中男装羽绒占很大的比重，男装羽绒服的款式设计是男装棉袄设计中的重要内容。

二、男装棉袄的风格分类

1. 商务类棉袄

特点：时尚、庄重、经典。商务装是指从事各种商务工作所需的具有权威、端庄等性质，能符合商务严谨、庄重等气氛的着装服饰，属于职业装范畴，但与传统有工作针对性的各种工服性质的职业装有明显的区别。

2. 都市时尚类棉袄

特点：简约、精致、优雅、时尚。都市时尚装是指适合讲究生活品质、追求品位格调的都市着装服饰，范围非常广泛。别致的细节设计、裁剪和高质地的面料，款式看似简单但在细节修饰上又相当的奢华，符合绅士的情趣和追求。

3. 运动休闲类棉袄

特点：运动、休闲、舒适、高雅。运动休闲类是指穿着舒适，能符合户外运动、休闲娱乐的着装服饰。轻便、透气、运动感强，款式简洁高雅，各种变化的绗缝线设计，有线条感，深得运动人士的喜爱。

三、男装棉褛色彩设计

1. 商务类棉褛色彩

主要采用黑色、灰色、深蓝等体现男士绅士风度的色彩，但职业装棉褛若完全运用黑色会使男性形象过于冷峻、严厉，这时可穿插彩色进行点缀，如搭配领带色、衬衫色，以增加男士的亲和力。

2. 都市时尚类棉褛色彩

主要采用黑色、蓝紫、深红、印花面料搭配纯色面料，有亮光的蓝色、黑色，在领口、袖口搭配有彩色的罗纹进行配色设计。

3. 运动休闲类棉褛色彩

主要是以高纯度高明度的色彩来体现运动时尚感，或以灰色、黑色搭配高明度高纯度的大红、橙色、蓝色，或用黑白条纹表现运动线条感。

四、男装棉褛的面料设计

1. 高密度防水面料

本身织物的密度就很高，一般在 290T 以上。然后再通过高温融合表层织物以减小织物空隙的后期处理工艺，同时具有防风、防泼水、透气性。面料的轻薄、柔软程度是所有羽绒服面料里面最高的。主要运用在都市时尚男装棉褛设计上。

2.100% 聚酰胺纤维（锦纶）和 100% 聚酯纤维

它们是男装棉褛的主要面料，是一种合成纤维，具有优异的防水、耐热、耐寒、耐油、耐腐蚀性和无白化等性能，色彩丰富。主要运用在运动休闲的男装棉褛设计上。

3. 纯棉和涤棉混纺面料

它们是男装棉褛的主要面料，这种织物可以有涤纶和棉织物的优点。就织成的面料而言，它在干和湿的各种环境下都具有一定的弹力和耐磨度，并且缩水量小，具有挺括，不容易打皱，不光好洗，并且快干的性能。主要运用在商务类、休闲类的男装棉褛设计上。

4. 天然面料

男装棉褛可以选用高档的天然面料包括皮革（羊皮、马皮、牛皮）、丝、精纺或粗纺羊毛、毛涤混纺，如直贡呢、华达呢、麦尔登等面料，经过特殊处理的高级化纤等面料，使得服装穿用舒适，给人庄重、高雅的感觉。主要运用在商务类、休闲类的男装棉褛设计上。

五、男装棉褛的细节设计

1. 领口设计
领口设计是男装棉褛设计的重点，男装棉褛的领口多为防风设计，可选用罗纹，动物毛领、羽绒领口，与衣身拉链连接在一起，外加防风门襟设计。

2. 袖口设计
男装棉褛袖口多采用收口处理，可以用橡筋、罗纹、可调节拉扣，起到防风保暖的作用。

3. 拉链
棉褛上用到的拉链主要有前胸主链、口袋关闭，要求使用顺滑，并且有辅助拉链的防夹装置。

4. 扣件
棉褛上的扣件主要有绳索扣、帽子调整用的梯子扣以及拉链托头，要求使用顺滑、关闭牢固，并且耐低温。

5. 缝纫线
缝纫线要求是经过硅油浸泡过的，可以防止针眼拉大造成漏绒，并且在强度满足要求的前提下尽可能细。

6. 弹力松紧绳（带）
要求回弹性高，并且耐用。

7. 魔术贴
魔术贴要用四周圆角型的，并且最好是不勾毛的品种。

第二章

设计案例分析

夹克设计案例1：分割装饰连手套夹克

1. 款式特点：本款夹克在经典运动夹克款式的基础上，在袖口位置采用连袖手套的设计，前胸及肩膀处采用不同面料拼接装饰带出运动感。
2. 面料特点：数码印花水洗布拼接人造皮革。
3. 工艺特点：不同面料拼接、压线装饰处理。

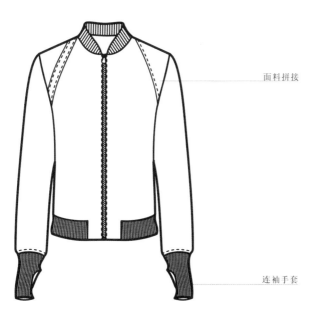

面料拼接

连袖手套

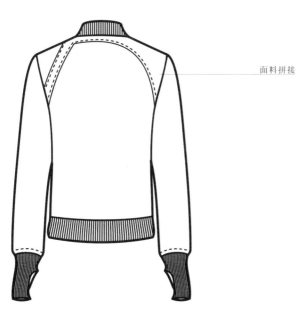

面料拼接

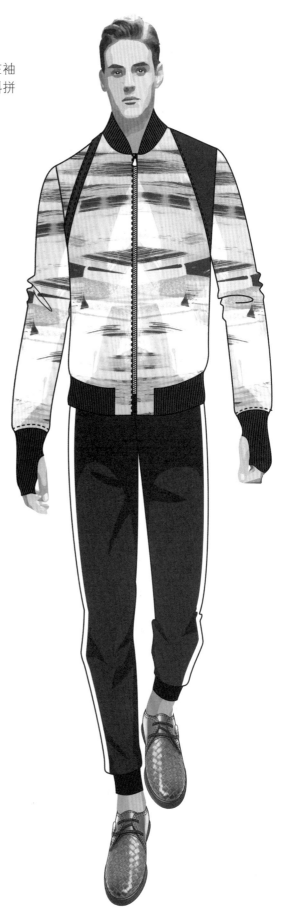

夹克设计案例 2：假两件装饰夹克

1. 款式特点：本款夹克采用假两件套的设计，以几何印花图案搭配门襟、胸前等位置的净色面料以显出时尚感。
2. 面料特点：几何图案印花混纺面料、光泽效果尼龙布。
3. 工艺特点：胸前拉链口袋。

假两件

口袋

夹克设计案例 3：迷彩图案贴绣装饰夹克

1. 款式特点：本款夹克采用了宽松的廓型款式设计，在胸前配以大贴袋，肩膀配以宝剑的军旅风格装饰，再配以细腻的贴绣图案装饰，显得时尚帅气。
2. 面料特点：混纺棉布。
3. 工艺特点：不规则迷彩图案贴绣。

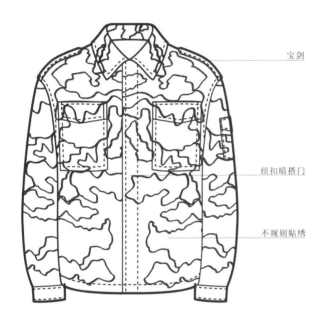

宝剑

纽扣暗搭门

不规则贴绣

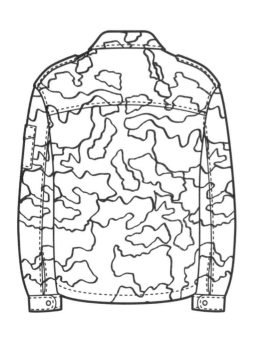

棉褛设计案例1：商务男棉褛

1. 款式特点: 款式较合体、简洁，能符合商务着装严谨、庄重等的准则。
2. 面料特点: 高档皮革配搭貉子毛，内填充物为羽绒。
3. 工艺特点: 前后片、袖外侧有绗缝线工艺设计。

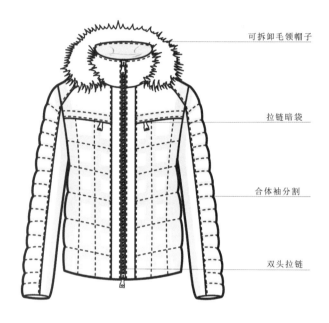

可拆卸毛领帽子

拉链暗袋

合体袖分割

双头拉链

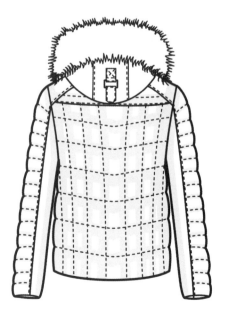

棉褛设计案例 2：都市时尚男棉褛

1. 款式特点：款式简约、优雅，在细节上加入了时尚元素。
2. 面料特点：纯棉和涤棉混纺面料，内填充物为羽绒。

装饰带

袋盖

棉袄设计案例 3：运动休闲男棉袄

1. 款式特点：款式宽松、舒适、轻便、透气。领口和底摆有配色罗纹设计，富有线条感。多袋的设计方便了户外活动。
2. 面料特点：100% 聚酰胺纤维（锦纶），内填充物为100% 聚酯纤维。
3. 工艺特点：衣身和袖子部位有绗缝线工艺设计。

配色毛领

防风立领

装饰设计

贴袋设计

配色罗纹袖口

夹克设计分析 1：面料拼接西装式夹克

设计分析：本款夹克属于都市时尚风格，在传统西装式
夹克的款式上采用了领部、口袋等包边的工艺手法。拼
接不同图案、色彩的面料作为装饰，令传统的西装式夹
克显得更加时尚、都市化。

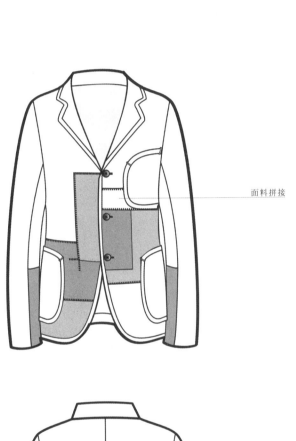

面料拼接

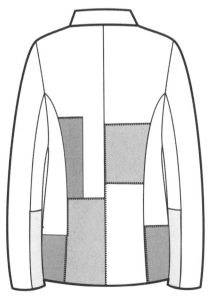

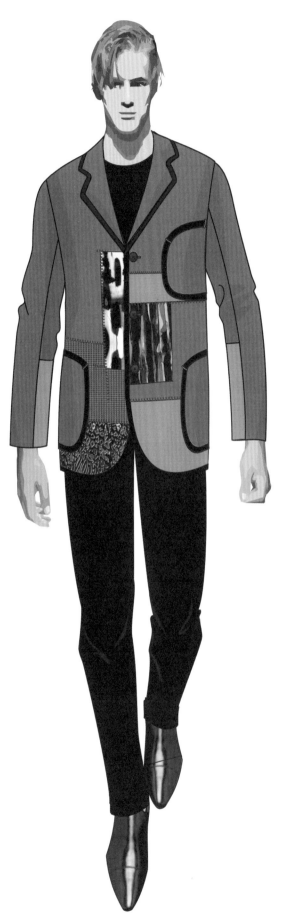

夹克设计分析 2：斜襟翻驳领衬衫式夹克

设计分析：本款夹克属于都市时尚风格，采用了较衬衫厚而挺括的面料制作，廓型宽松，使用了翻驳领、斜门襟的设计，袖子采用多条分割装饰，整体上有繁有简，带出时尚休闲的感觉。

衬衫式袖口

斜门襟

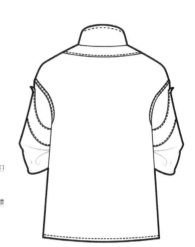

夹克设计分析 3：拉链装饰长款夹克

设计分析：本款夹克属于运动休闲风格，廓型贴体、修长，主要采用了拉链做斜向装饰，使长款夹克没有显得那么单调乏味。多条拉链分别在袖子、前胸等位置以斜向形态表现，增强了服装的动态感。

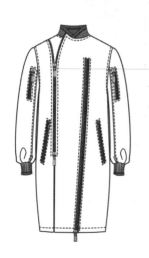

双头拉链

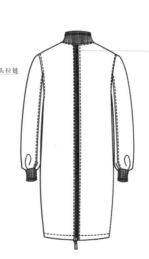

装拉链

夹克设计分析 4：胶印分割装饰夹克

设计分析：本款夹克属于都市时尚风格，以胶印工艺做出块面的分割装饰，配上"鸡眼"作为点缀，体现出有繁有简、点线面相结合的设计效果。

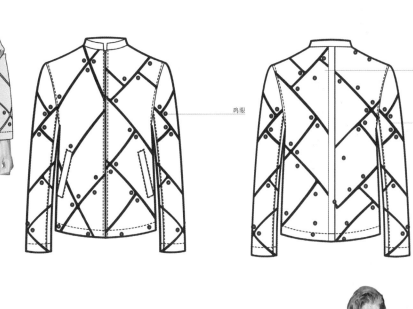

鸡眼

拼筒

胶印

夹克设计分析 5：透明材质假双层领夹克

设计分析：本款夹克属于都市时尚风格，采用透明的材质制作。领部使用了假双层领的设计，口袋边缘以及分割线上都采用了黑色的胶印工艺进行装饰，使夹克的结构特点在布料层叠的基础上凸显出来，使整体质感得以提升，显得层次清晰、分明。

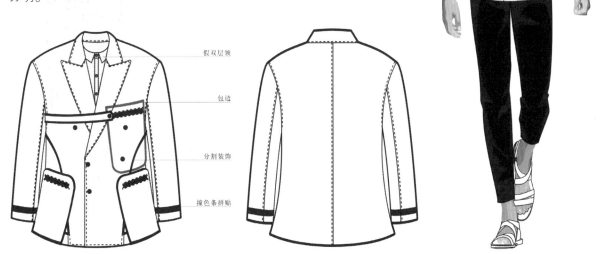

假双层领

包边

分割装饰

撞色条拼贴

夹克设计分析6：五分袖拼色口袋棒球夹克

设计分析：本款属于运动休闲风格，在棒球夹克的款式基础上对袖子的长度做了变化，胸前配以装饰袋盖，与腰间的口袋相呼应。单个袋盖的局部与大身净色撞色形成对比效果。

分割设计

灯笼袖

夹克设计分析7：不规则几何形宽门襟夹克

设计分析：本款夹克属于运动休闲风格，在门襟的位置做了夸张的处理，加宽的门襟在形态上以半圆弧、直线交替的效果呈现，不规则的加宽门襟使夹克增添了几分趣味感。

不规则门襟

分割设计

夹克设计分析 8：胸前分割短款夹克

设计分析：本款夹克属于都市时尚风格，呈宽松的短款结构，在肩膀与胸部之间做了水平的分裂效果，使得夹克看上去一分为二，同时在分裂的水平线上以错落有致的条状特殊材质进行连接、遮挡，透露出男性性感、不羁的味道。

时尚装饰

夹克设计分析 9：蘑菇柳钉装饰夹克

设计分析：本款夹克属于运动休闲风格，以蘑菇柳钉作为主要的装饰，以不规则、随意的效果钉缝在夹克上的不同位置，每颗柳钉所在的位置都使得布料产生皱褶的布纹，这些错落有致的布纹使得整件夹克产生了独特的肌理效果。

活页

抽褶

拼筒

蘑菇柳钉

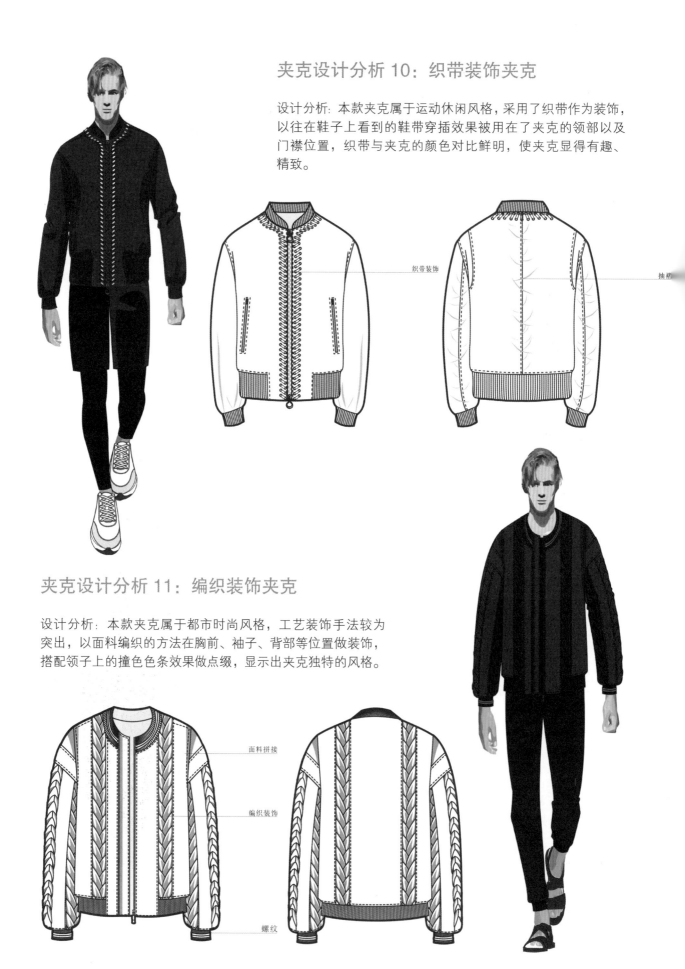

夹克设计分析 10：织带装饰夹克

设计分析：本款夹克属于运动休闲风格，采用了织带作为装饰，以往在鞋子上看到的鞋带穿插效果被用在了夹克的领部以及门襟位置，织带与夹克的颜色对比鲜明，使夹克显得有趣、精致。

织带装饰

抽褶

夹克设计分析 11：编织装饰夹克

设计分析：本款夹克属于都市时尚风格，工艺装饰手法较为突出，以面料编织的方法在胸前、袖子、背部等位置做装饰，搭配领子上的撞色色条效果做点缀，显示出夹克独特的风格。

面料拼接

编织装饰

螺纹

夹克设计分析 12：层叠装饰带夹克

设计分析：本款夹克属于商务风格，采用了层次感的设计，通过肩部、胸前、腰部布层之间的穿插、叠加，配上拉链口袋引起的视错感以及领部、布条上显眼的平行装饰线，使夹克富有变化和层次感。

胶印装饰

拼接装饰

胶印

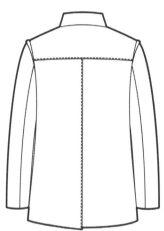

夹克设计分析 13：拼接牛仔夹克

设计分析：本款夹克属于都市时尚风格，采用带有毛边的牛仔布块进行拼接，工艺较为繁复，腰间的大块面与周围的小块面牛仔布形成强烈的视觉对比，让夹克显得有繁有简，有轻有重，给人一种轻松活跃感。

牛仔布拼接

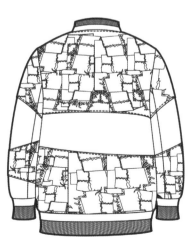

夹克设计分析 14：流苏装饰夹克

设计分析：本款夹克属于都市时尚风格，采用了翻领的设计，夹克的图案使用了对比较强的线迹图案，呈现出随性的撞色效果，亮点在领子边缘、袖子以及下摆边缘添加了流苏的装饰，使夹克在整体上带有一丝嬉皮的风格。

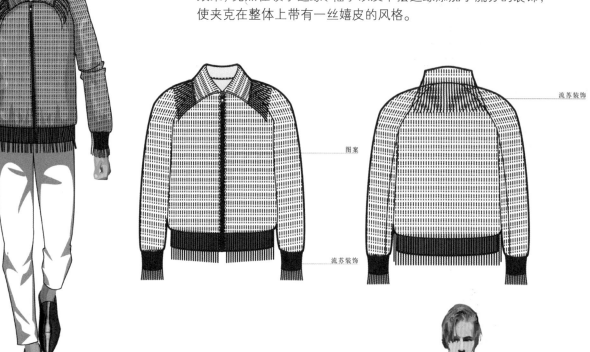

流苏装饰

图案

流苏装饰

夹克设计分析 15：破洞牛仔夹克

设计分析：本款夹克属于都市时尚风格，采用了斜门襟的拉链设计，分别在前身衣片、袖子上做了分割的装饰设计，夹克上的破洞随意装饰在不同部位，给人一种野性不羁的感觉，更加体现年轻与活力。

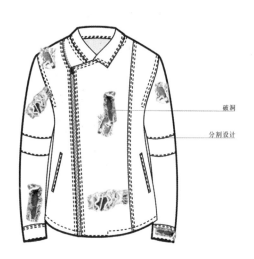

破洞

分割设计

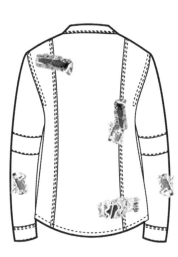

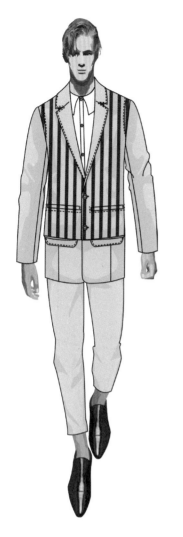

夹克设计分析 16：假两层拼接装饰夹克

设计分析：本款夹克属于都市时尚风格，在传统西装夹克的款式上采用不同材质风格的拼接设计，形成一种视觉碰撞与假象，配以简约、层次感的廓型，使夹克多了一丝立体感。

前长后短

夹克设计分析 17：肩部绗缝分割装饰夹克

设计分析：本款夹克属于商务风格，主要在前胸以及袖子上分别以斜向分割线、不规则的分割线做装饰，显示出了层次感与动感。肩部采用了绗缝内压棉的方式进行强调，让夹克更显男性魅力。

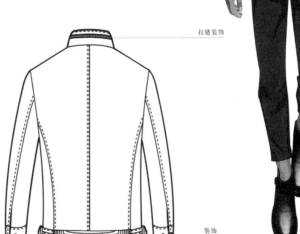

拉链装饰

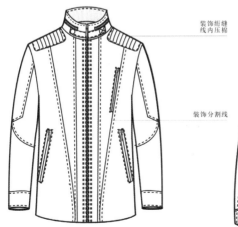

装饰绗缝线内压棉

装饰分割线

装饰绗缝线

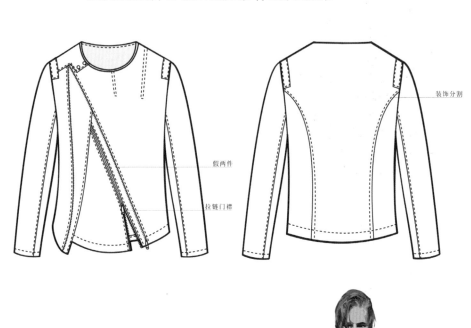

夹克设计分析 18：假两件斜门襟夹克

设计分析：本款夹克属于都市时尚风格，针对门襟运用了层次感的设计，双层、大小不一的斜向门襟让夹克显得工艺繁复，配以拉链的开合可以营造出多样的穿着效果

装饰分割

假两件

拉链门襟

夹克设计分析 19：橡筋腰带抽褶夹克

设计分析：本款夹克属于都市时尚风格，主要有多个不规则形状的袋盖做装饰，带有较高的领座设计，腰间以橡筋抽褶的方式进行设计，以供穿着者尝试或宽松或修身的穿着方式。

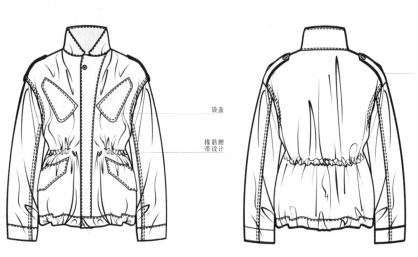

袋盖

橡筋腰带设计

夹克设计分析 20：几何网纱拼接夹克

设计分析：本款夹克属于运动休闲风格，采用了不规则形状的网纱材质与图案布料进行拼接，网纱材质的边缘以塑胶拉链做装饰，工艺精致、特别，让夹克整体上显出运动感与时尚感。

网纱拼接

拉链
齿装饰

夹克设计分析 21：假双领绗缝装饰拼接夹克

设计分析：本款夹克属于商务风格，采用醒目的撞色条装饰在胸前以及袖口位置，假两件的设计使得夹克有层次感，领面上的小拼接装饰成为亮眼的点缀，夹克的整体以绗缝的车缝线做装饰，使夹克整体上显得厚实、保暖。

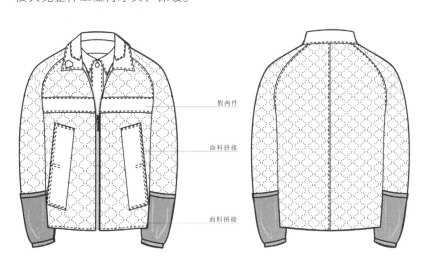

假两件

面料拼接

面料拼接

夹克设计分析 22：装饰绳袖子抽褶夹克

设计分析：本款夹克属于都市时尚风格，以毛皮拼接作为领子的点缀，胸前的装饰绳为夹克增添了韵味，袖子内侧以拼接、抽褶的方式做装饰，夹克整体上体现出繁复的工艺感与装饰感，使整体质感得以提升。

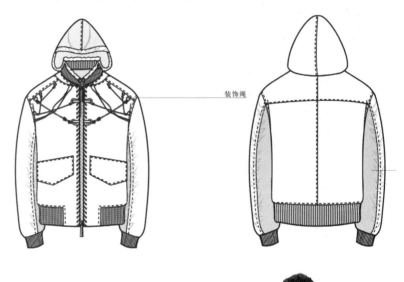

装饰绳

夹克设计分析 23：发射线迹装饰夹克

设计分析：本款夹克属于运动休闲风格，以缝纫线作为一种装饰元素，配上服装的底色，使得发散式设计的缝纫线迹更加突显，让人在视觉上产生炫目感。

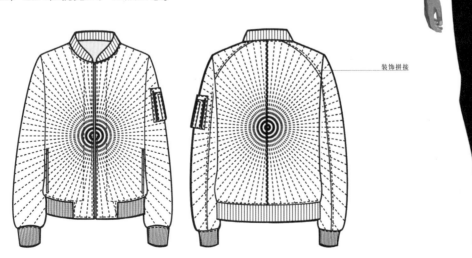

装饰拼接

夹克设计分析 24：异质拼接装饰夹克

设计分析：本款夹克属于都市时尚风格，以虚实相结合的手法设计，透明与不透明的材质、撞色的拼接形成一种视觉碰撞，大块面拼接显得简洁，薄纱上的刺绣图案显得精致，为整体增添奢华与时尚感。

装饰扣眼

褶皱

夹克设计分析 25：撞色色条拼接夹克

设计分析：本款夹克属于商务风格，用两种材质进行搭配，带有绗缝装饰的布料主要在袖子内侧、口袋上做装饰，衣身正背面以双线车缝线做出对称的斜线装饰并突出口袋的轮廓造型，整体上夹克的实用性与休闲感较强。明亮醒目的撞色条显得直白、醒目。

撞色色条拼接

装饰绗缝线

夹克设计分析 26：大口袋毛皮装饰拼接夹克

设计分析：本款夹克属于商务风格，主要以毛皮装饰在肩部、口袋边缘，大大的口袋总能给人一种实用的感觉，与夹克的长度保持了视觉上的呼应与平衡。如果使用不同形状的口袋变化，实用和美观效果将能得到大大的提升。

装饰毛料

立袋

夹克设计分析 27：可拆卸袖子中长款风衣夹克

设计分析：本款夹克属于运动休闲风格，为中长款长度，简单的造型配上了可拆卸的袖子，既可以做长袖，也可以变化成五分袖，配上色彩斑斓的扎染图案，使简单的款式显示出时尚感、青春感。

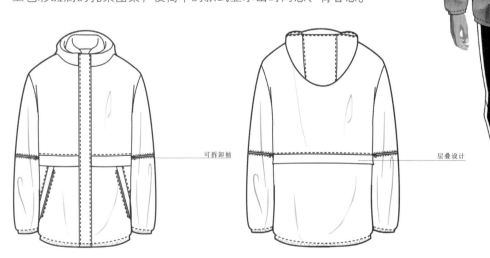

可拆卸袖

层叠设计

棉袄设计分析1：印花休闲式男棉袄

设计分析：该款式为运动休闲男棉袄，款式特点是多袋的设计，前衣片和袖子三个时尚贴袋的设计，贴袋上搭配白色的线条进行装饰，体现了运动风格的线条感、时尚感。领部设计两条不对称拉链，方便穿着，可变换不同的造型，袖口搭配同色系罗纹，穿着舒适。底摆采用前短后长的设计，侧面有开衩。

贴袋

前短后长

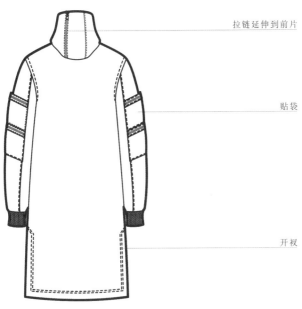

拉链延伸到前片

贴袋

开衩

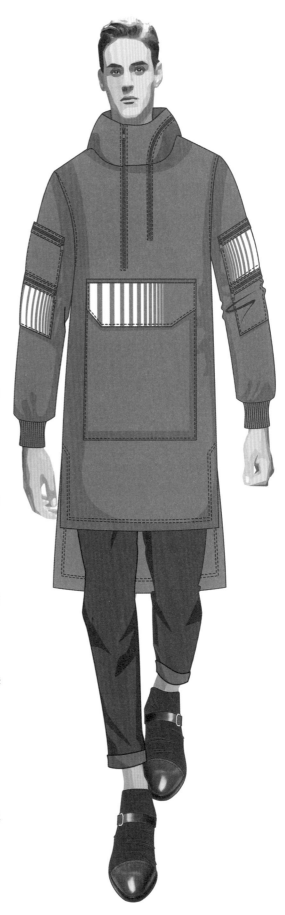

棉袄设计分析 2：充气运动休闲式男棉袄

设计分析：该款式为运动休闲男棉袄，款式特点是外层充气式的设计，绗缝线把外层透明膜与内层棉衣连接，前后共有 7 个气塞，增添了款式的趣味性。

立体式绗缝

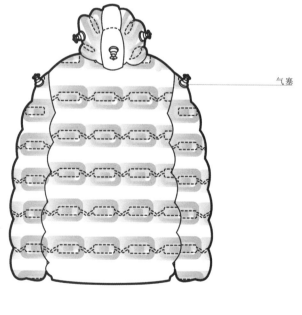

气塞

棉褛设计分析 3：登山拼色休闲式男棉褛

设计分析：该款式为运动休闲男棉褛，款式特点是面料拼接装饰设计，结合了登山服的款式特点，在前后衣片、袖子、帽子上都有拼接装饰设计。门襟设计采用两层防风式设计，并有魔术贴固定。前衣片有两个口袋设计，色彩以黄、灰、黑三色为主。穿着轻便，防风保暖效果好。

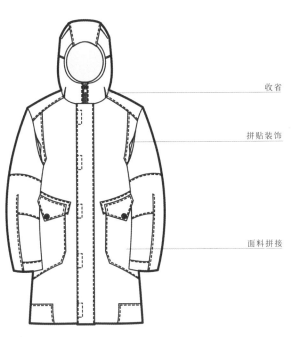

收省

拼贴装饰

面料拼接

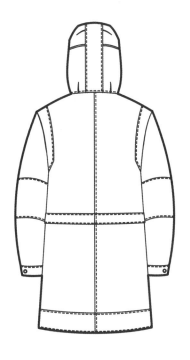

棉褛设计分析 4：休闲西装式男棉褛

设计分析：该款式为商务男棉褛，款式特点是以休闲西装为基本设计，并搭配直线绗缝线设计，填充物为100%白鸭绒，轻便、贴身，保暖性强。袖子上端搭配铆钉皮带设计，为该款棉褛增添了都市时尚的感觉。

铆钉皮带

棉褛设计分析 5: 拼接运动休闲式男棉褛

设计分析：该款式为运动休闲男棉褛，采用了左右不对称的设计，右边为拼接针织毛线，前中心设计有装饰拉链，两侧设计有拉链袋，领子为可拆卸毛领设计。

可拆卸毛领

分割设计

装饰拉链

面料拼接

棉袄设计分析 6：两件套绗缝时尚男棉袄

设计分析：该款式为都市时尚男棉袄，款式特点是以假两件休闲西装为基本设计，并搭配菱形绗缝线设计，填充物为 100% 白鸭绒，轻便、贴身，保暖性强。

假两件套

层叠设计

棉袄设计分析 7：图案绗缝时尚男棉袄

设计分析：该款式为都市时尚男棉袄，款式特点是面料花色和绗缝线搭配设计，款式简洁，穿着舒适、轻便、时尚，保暖效果好。

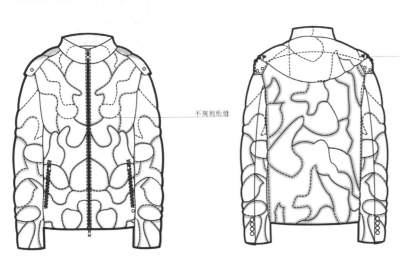

不规则绗缝

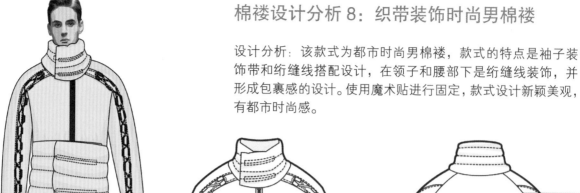

棉褛设计分析8：织带装饰时尚男棉褛

设计分析：该款式为都市时尚男棉褛，款式的特点是袖子装饰带和绗缝线搭配设计，在领子和腰部下是绗缝线装饰，并形成包裹感的设计。使用魔术贴进行固定，款式设计新颖美观，有都市时尚感。

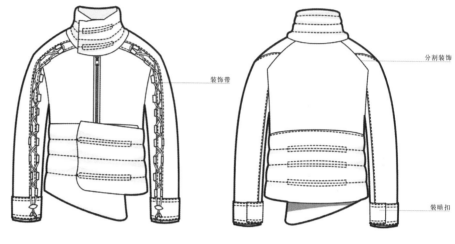

装饰带

分割装饰

装暗扣

棉褛设计分析9：图案绗缝式男棉褛

设计分析：该款式为都市时尚男棉褛，款式特点是面料绗缝线搭配设计，整件服装都有各种弧线、折线、直线等绗缝线的设计，搭配罗纹领、袖口、底摆、缎带、皮带的点缀，款式简洁，穿着舒适、轻便、时尚。

缎带

分割

分割

贴袋

皮带

棉袄设计分析 10：赛车运动式男棉袄

设计分析：该款式为运动型男棉袄，款式设计借鉴了赛车手服装的款式特点，前后身搭配绗缝线设计，面料有光泽感，运动感强。

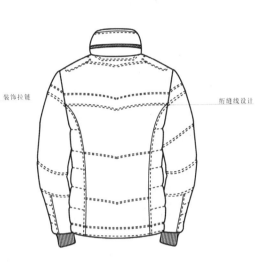

装饰拉链

绗缝线设计

棉袄设计分析 11：图案绗缝时尚男棉袄

设计分析：该款式为都市时尚男棉袄，采用了绗缝图案和无扣设计，前后衣片有绗缝图案设计，左右衣片用绳子进行固定，款式新颖独特，穿着轻便舒适。

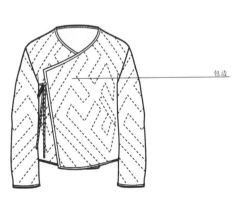

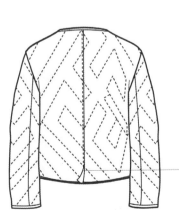

包边

开叉

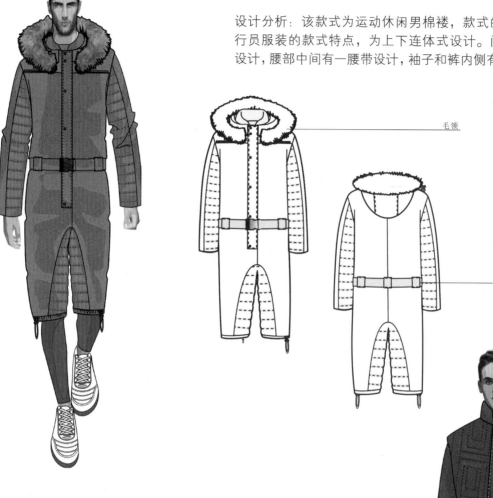

棉袄设计分析 12：连体运动休闲男棉袄

设计分析：该款式为运动休闲男棉袄，款式的设计借鉴了飞行员服装的款式特点，为上下连体式设计。门襟为双层防风设计，腰部中间有一腰带设计，袖子和裤内侧有面料拼接设计。

毛领

腰带

棉袄设计分析 13：两件套时尚男棉袄

设计分析：该款式为都市时尚男棉袄，款式的特点是以假两件休闲外套为基本设计，并在衣身部分搭配方形纫缝线设计，填充物为 100% 白鸭绒，此款设计轻便、贴身，保暖性强。

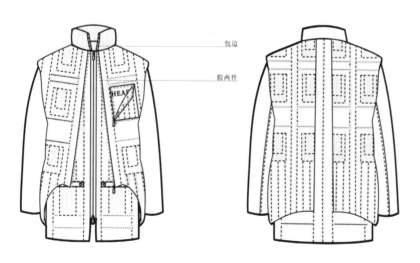

包边

假两件

棉袄设计分赏析 14：盖袖式拼色运动男棉袄

设计分析：该款式为运动男棉衣，在肩部进行了色彩拼接设计，体现了肩部的造型感，前后身有横向绗缝线设计，款式设计简洁，色彩纯度高，体现强烈的运动感。

肩部拼接

绗缝线

袖口防风橡筋

棉袄设计分析 15：围巾式中长男棉袄

设计分析：该款式为都市时尚男棉袄，款式设计以男大衣为基础，为中长款式设计，帽子也可变为围巾来搭配，款式新颖、时尚，保暖效果好。

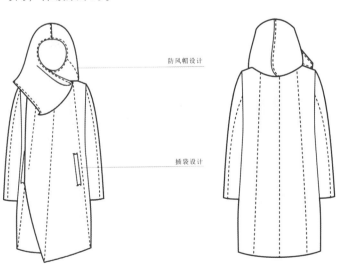

防风帽设计

插袋设计

棉袄设计分析 16：拼接式运动休闲男棉袄

设计分析：该款式为运动休闲男棉袄，款式强调面料的拼色搭配，门襟设计为双层防风门襟，前后身有横向绗缝线，款式简洁、轻便。

防风搭门

下摆抽绳

梭织绗线

棉袄设计分析 17：立体袋拼色时尚男棉袄

设计分析：该款式为都市时尚棉袄，采用了面料拼色搭配，前衣片和袖子部位设计了三个立体贴袋，并有部分拼接的设计，底摆搭配一个锁头装饰，体现都市时尚感，款式设计时尚、简洁、轻便。

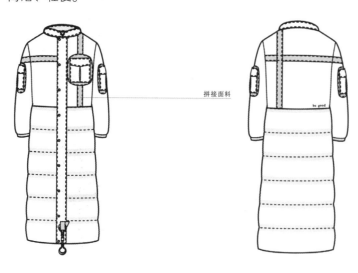

拼接面料

棉袄设计分析 18：披肩式时尚男棉袄

设计分析：该款式风格为都市时尚男棉袄，设计上打破了传统袖子的设计方法，借鉴了披肩的设计特点，给人新颖、独特的感觉，左右衣片为不对称式的设计，搭配弧形拉链，填充物为 100% 白鸭绒，穿着轻便、舒适，保暖性强。

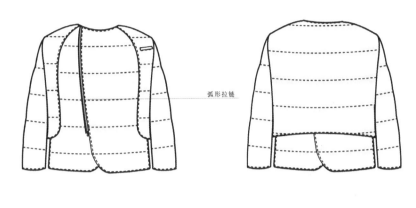

弧形拉链

棉袄设计分析 19：棒球服式时尚男棉袄

设计分析：该款式为都市时尚男棉袄，结合了棒球服的设计特点，款式简洁大方，搭配罗纹领、袖口和底摆，下层为可拆卸下摆，可变化出不同造型风格。

可拆下摆

AGAINST
HBA

棉袄设计分析 20：图案绗缝式时尚男棉袄

款式特点：该款式为都市时尚男棉袄，强调面料绗缝线的设计，整件服装都有各种左右不对称的折线、直线等绗缝线的设计，搭配贴袋、双线袋、拉链袋的点缀，领子的设计是一条围巾，可以拆卸。

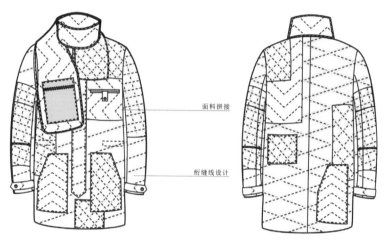

面料拼接

绗缝线设计

棉袄设计分析 21：衬衫式绗缝时尚男棉袄

设计分析：该款式为都市时尚男棉袄，款式特点是大量使用直线绗缝线设计，领子为双层衬衫领设计，腰部搭配夸张的腰带设计，设计新颖独特，有都市时尚感。

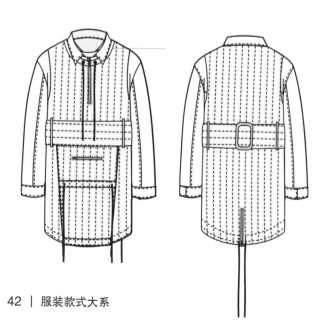

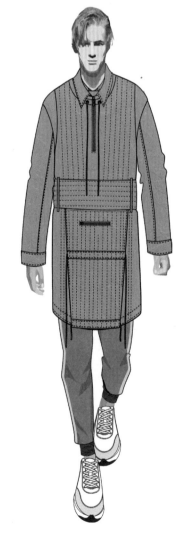

第三章

款式图设计

夹克篇

1. 商务款夹克

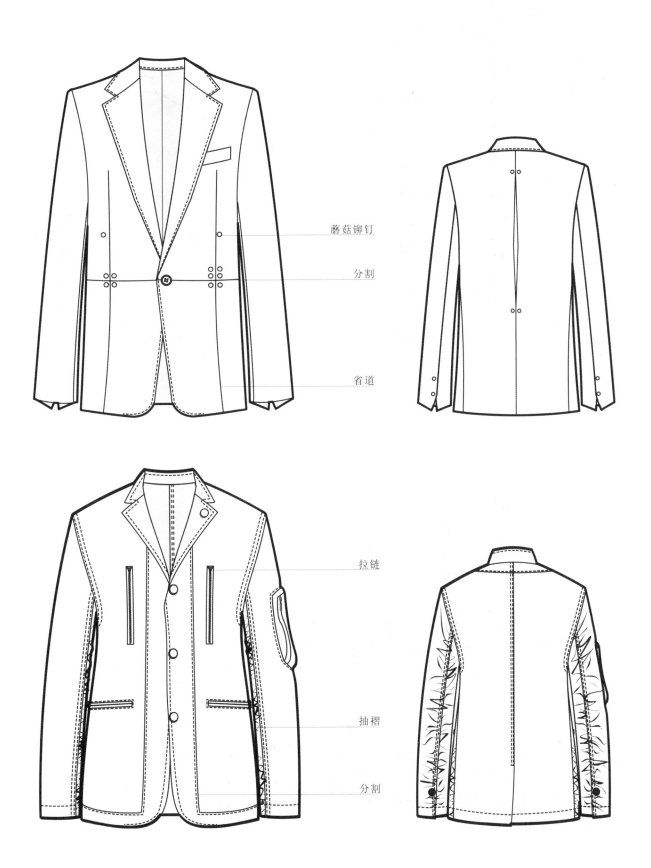

蘑菇铆钉

分割

省道

拉链

抽褶

分割

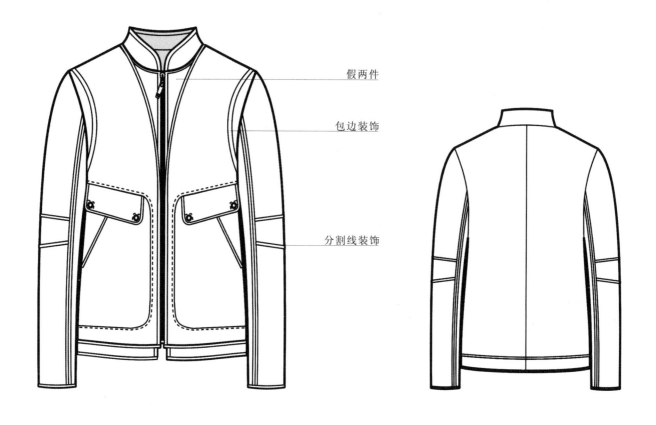

假两件

包边装饰

分割线装饰

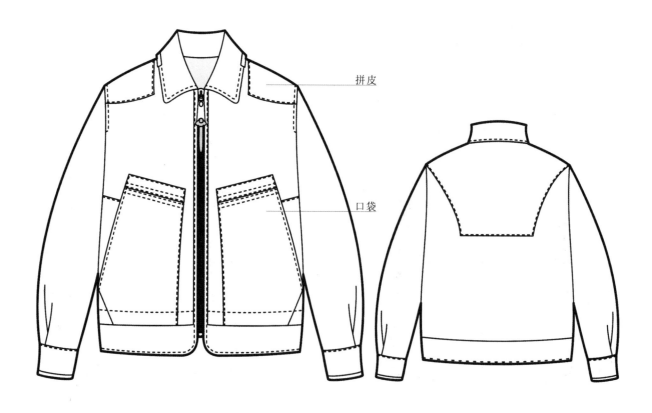

拼皮

口袋

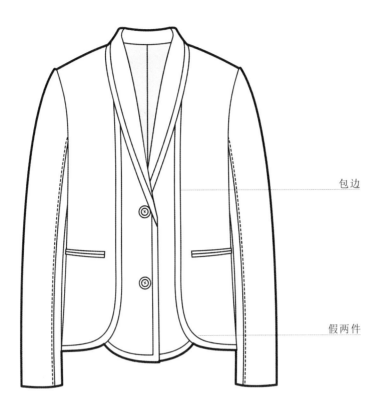
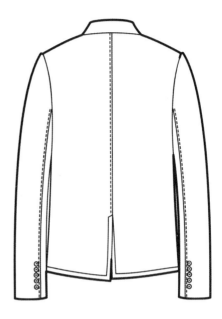

包边

假两件

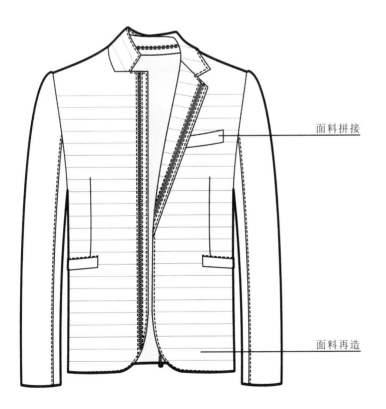
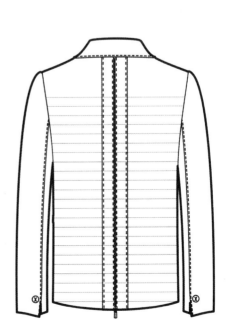

面料拼接

面料再造

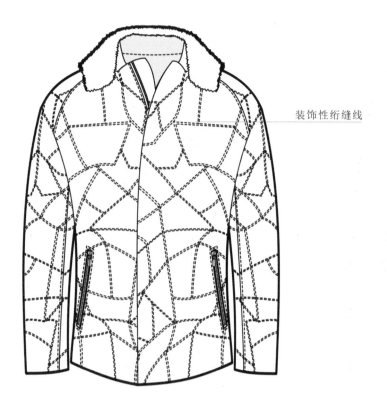

装饰性绗缝线

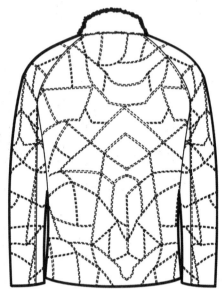

肩部分割线

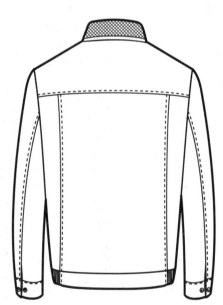

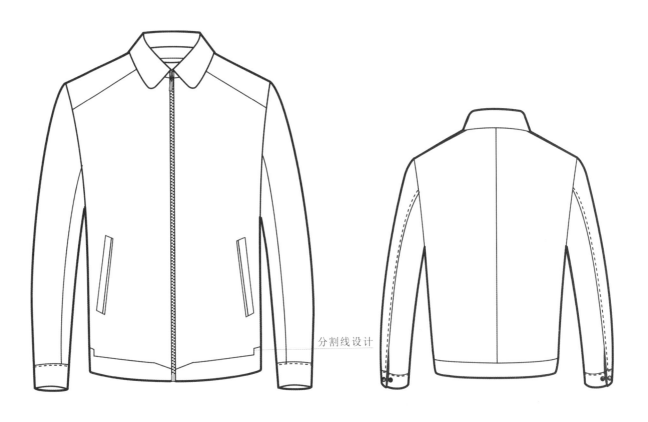

分割线设计

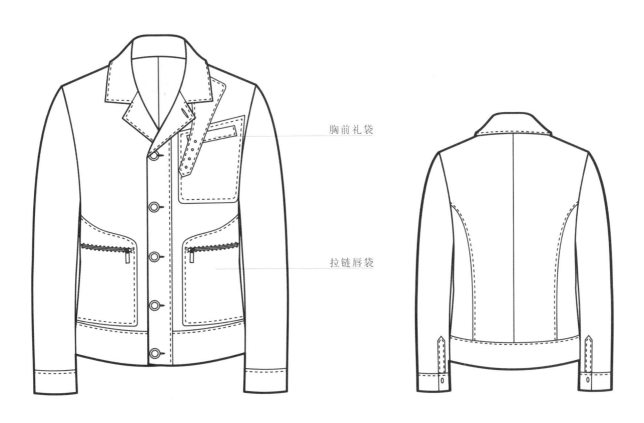

胸前礼袋

拉链唇袋

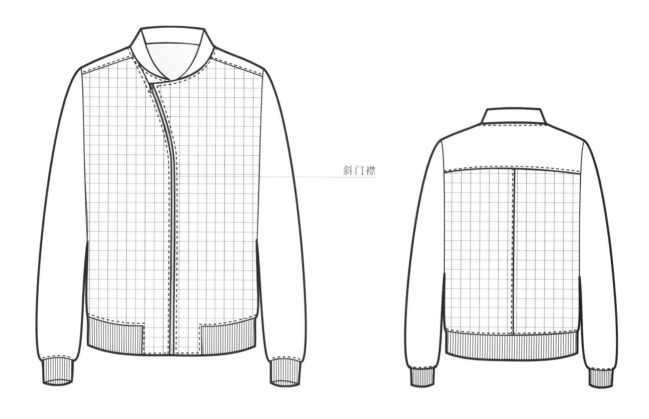

斜门襟

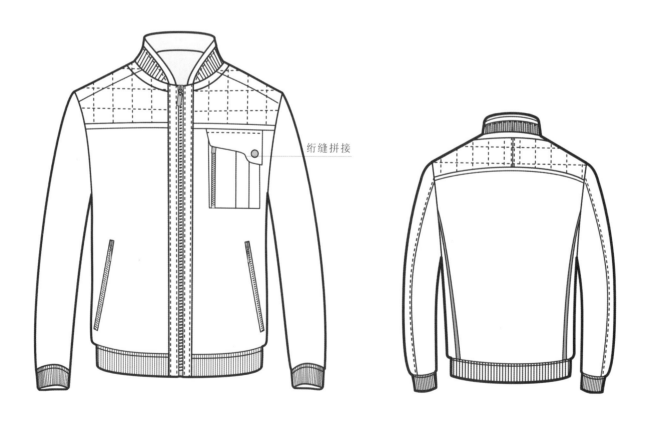

绗缝拼接

毛领

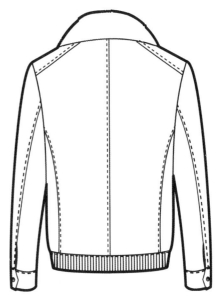

两用门襟设计

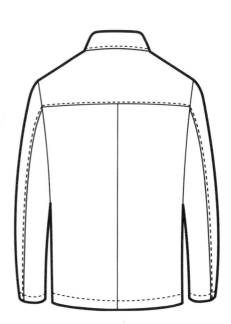

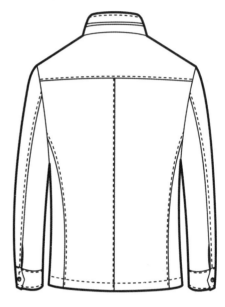

风琴袋

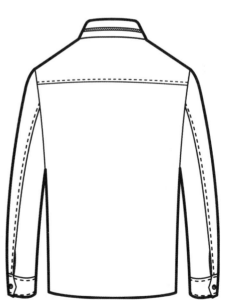

拼接装饰

装饰盖袋

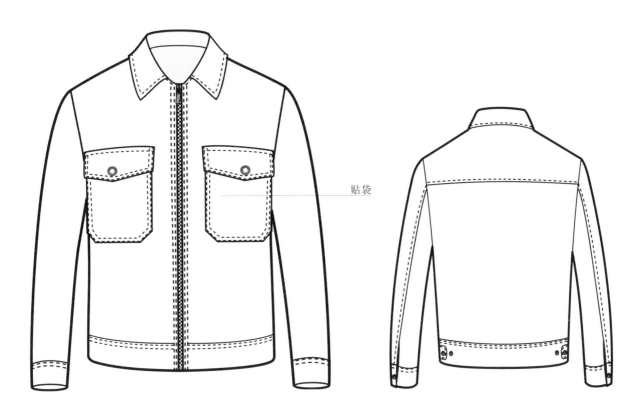

贴袋

可拆卸帽子

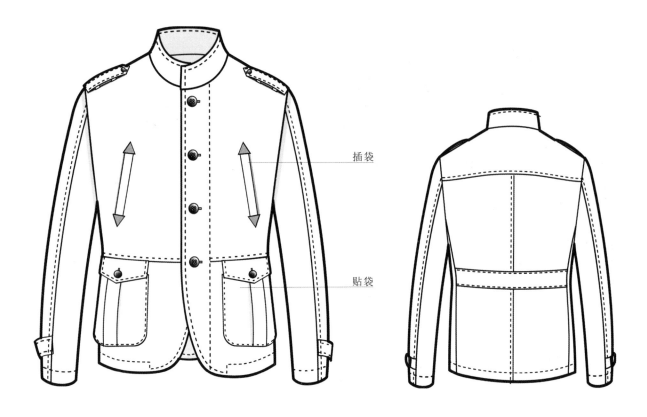

插袋

贴袋

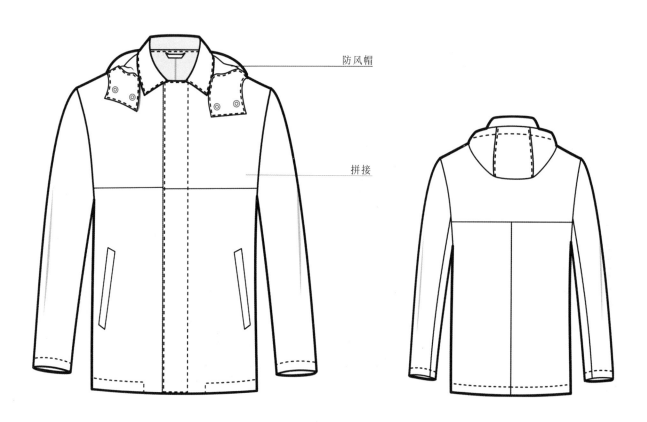

防风帽

拼接

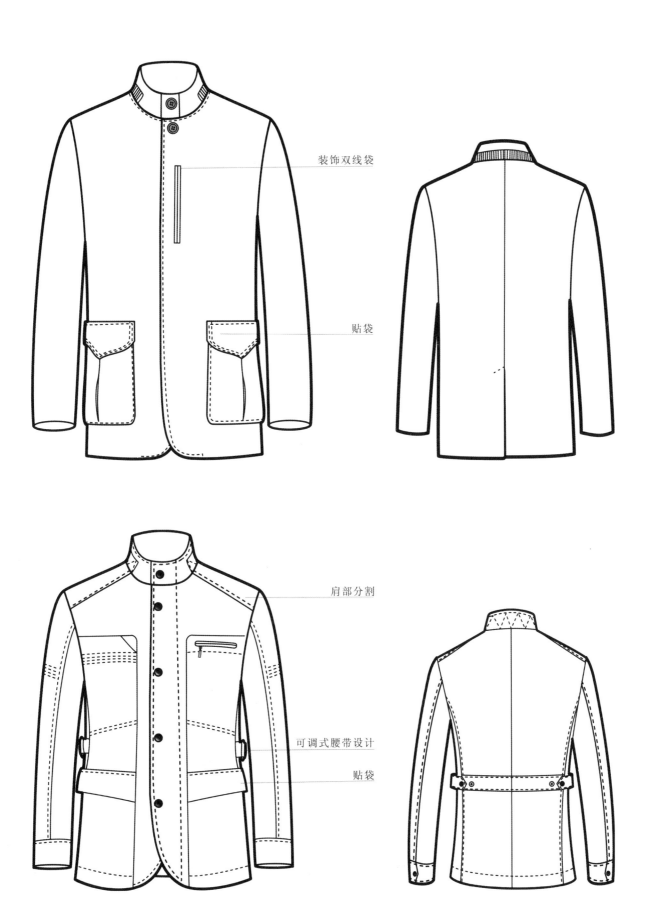

装饰双线袋

贴袋

肩部分割

可调式腰带设计

贴袋

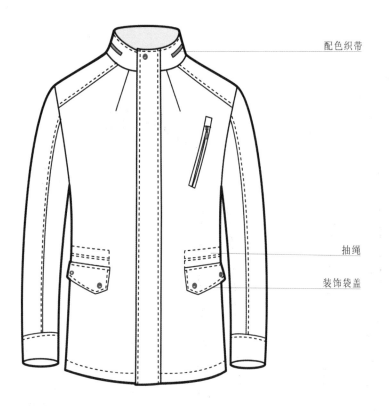
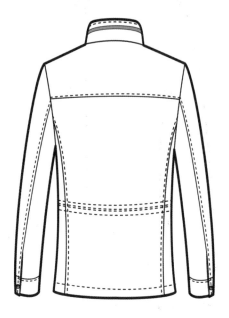

配色织带

抽绳

装饰袋盖

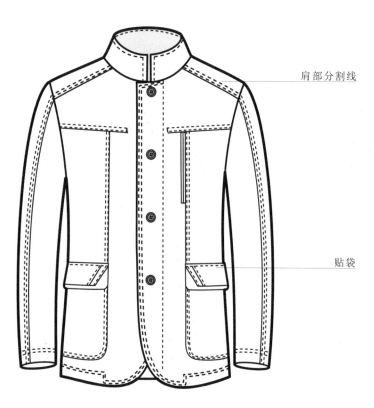
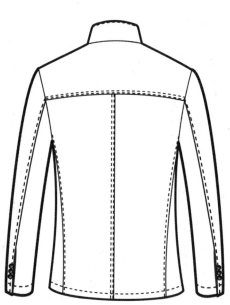

肩部分割线

贴袋

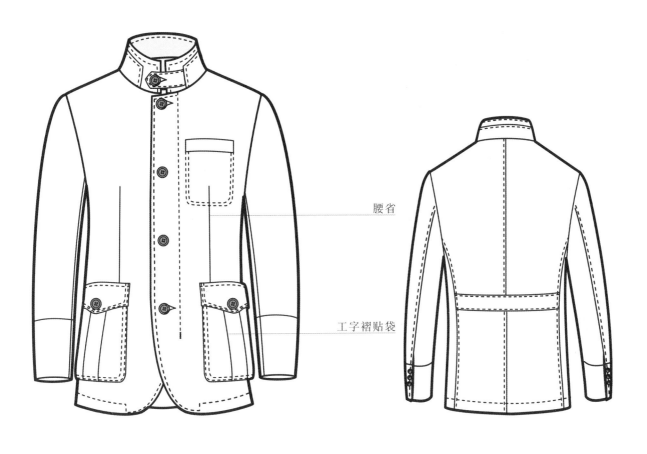

腰省

工字褶贴袋

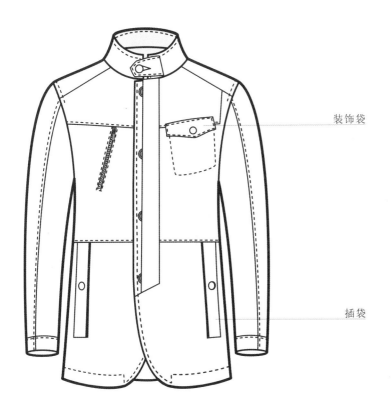

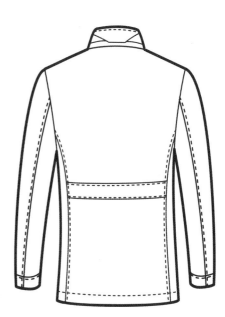

装饰袋

插袋

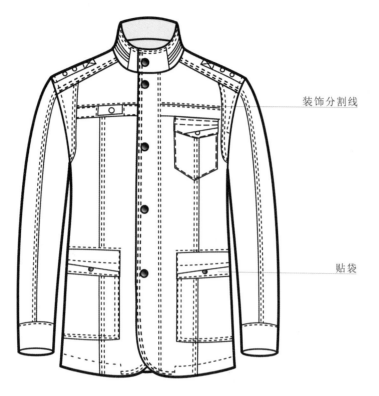
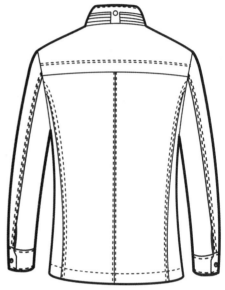

装饰分割线

贴袋

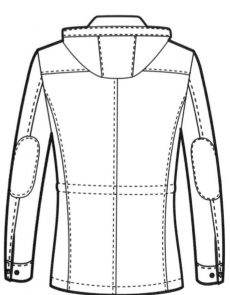

可拆卸帽子

防水拉链

松紧调节绳

风琴袋

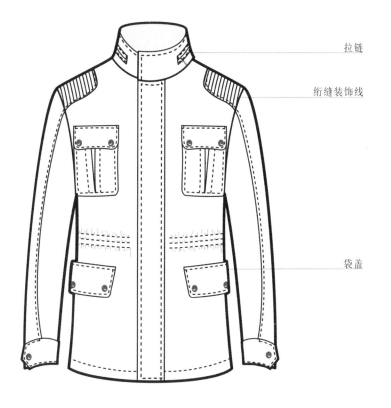
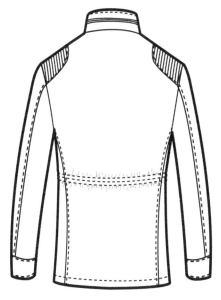

拉链

绗缝装饰线

袋盖

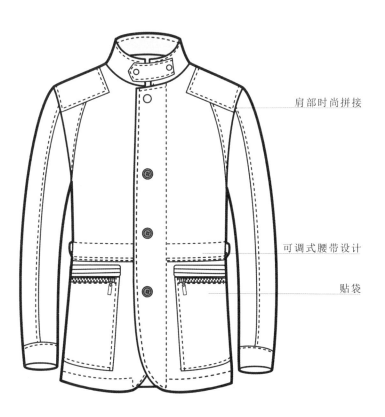
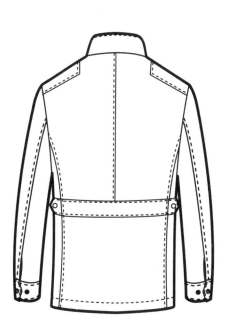

肩部时尚拼接

可调式腰带设计

贴袋

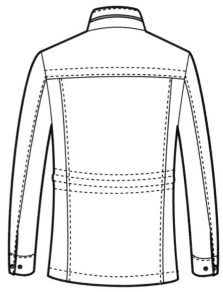

配色织带

分割线设计

拉链插袋

贴袋

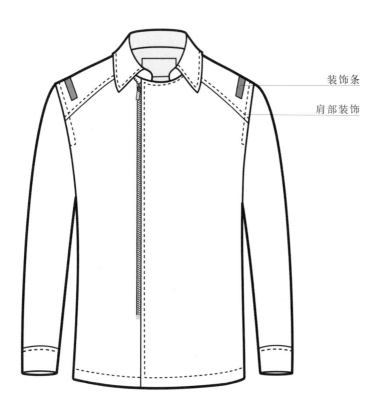
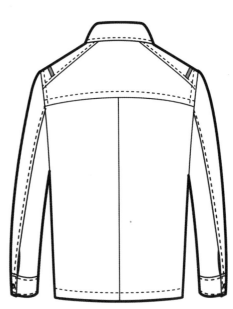

装饰条

肩部装饰

分割

肩部装饰

橡筋

工字褶贴袋

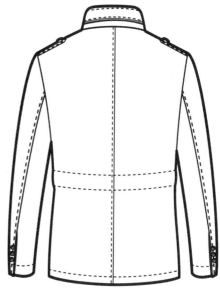

肩部分割

装饰拼接

插袋

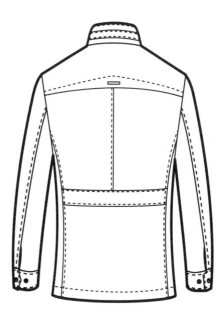

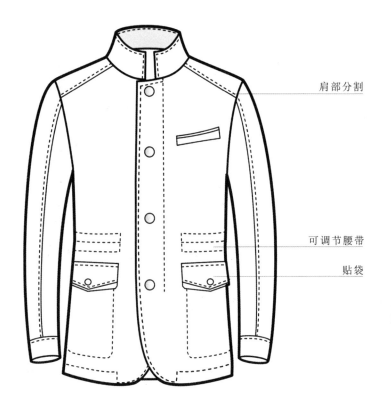
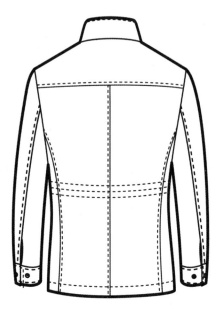

肩部分割

可调节腰带

贴袋

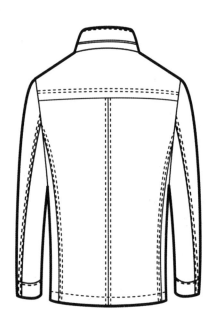

肩部分割

装饰口袋

绗缝压线

立体贴袋

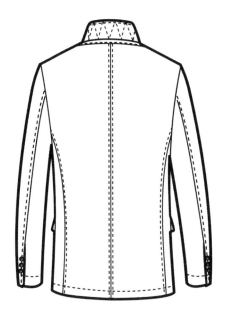

可拆卸帽子

橡筋腰带

贴袋

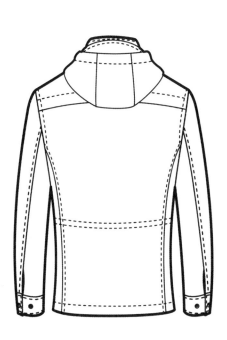

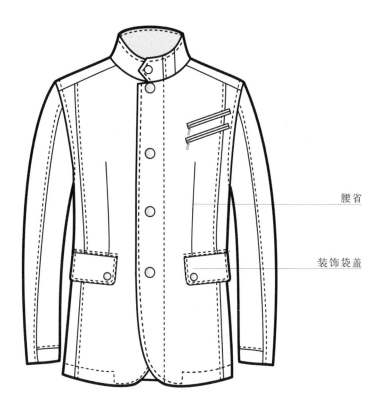
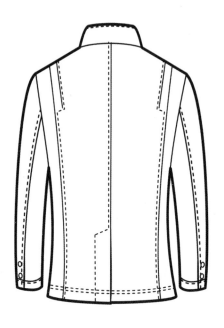

腰省

装饰袋盖

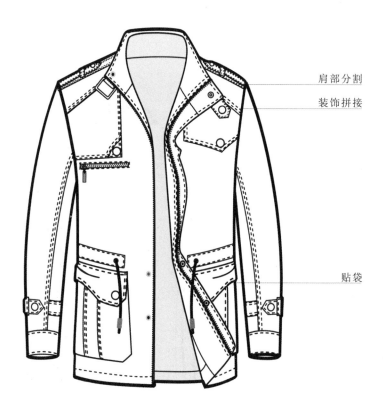
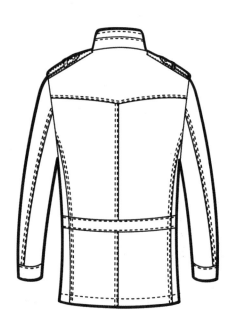

肩部分割

装饰拼接

贴袋

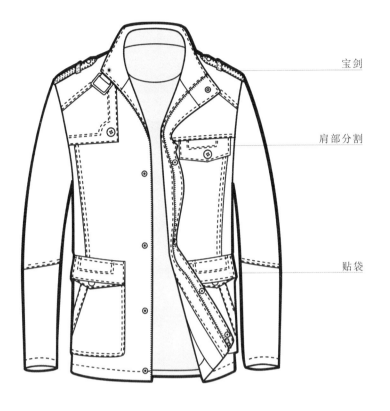

宝剑

肩部分割

贴袋

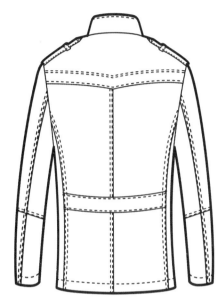

立翻领

装饰拼接

插袋

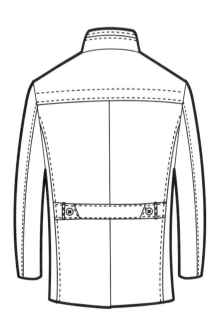

宽搭门

立体袋

一字拉链袋

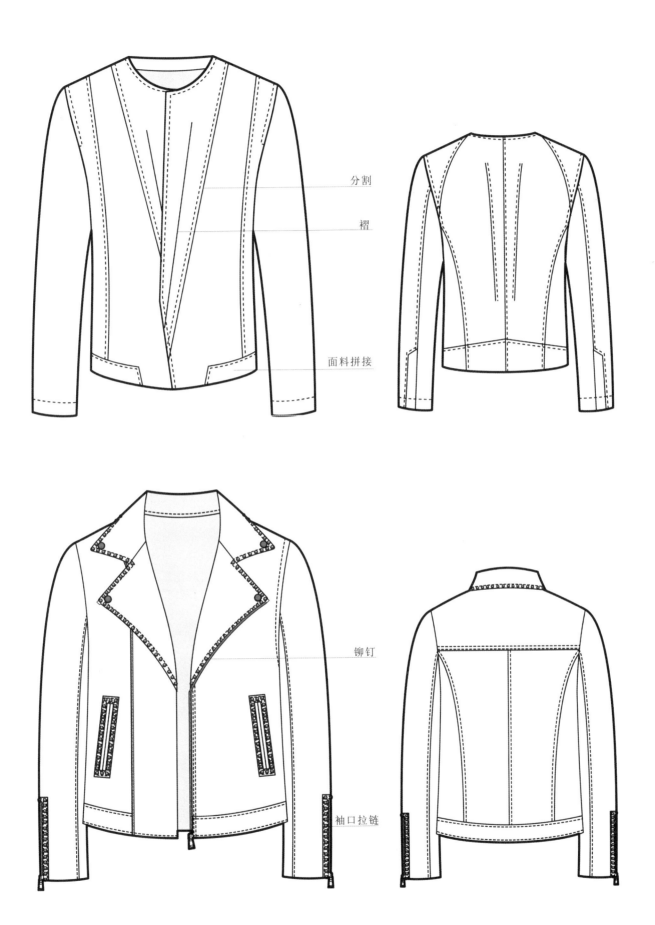

分割

褶

面料拼接

铆钉

袖口拉链

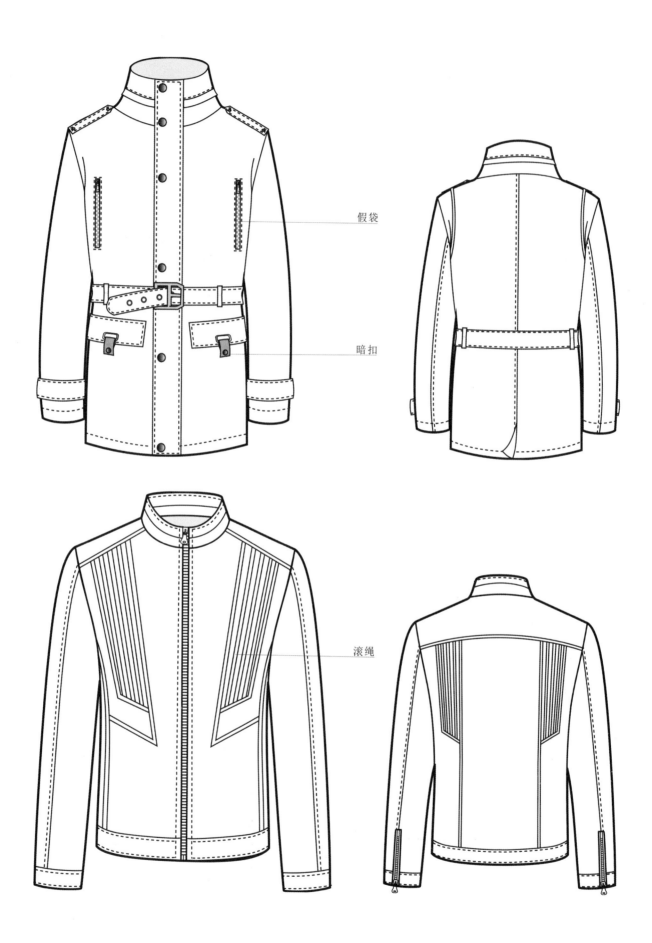

假袋

暗扣

滚绳

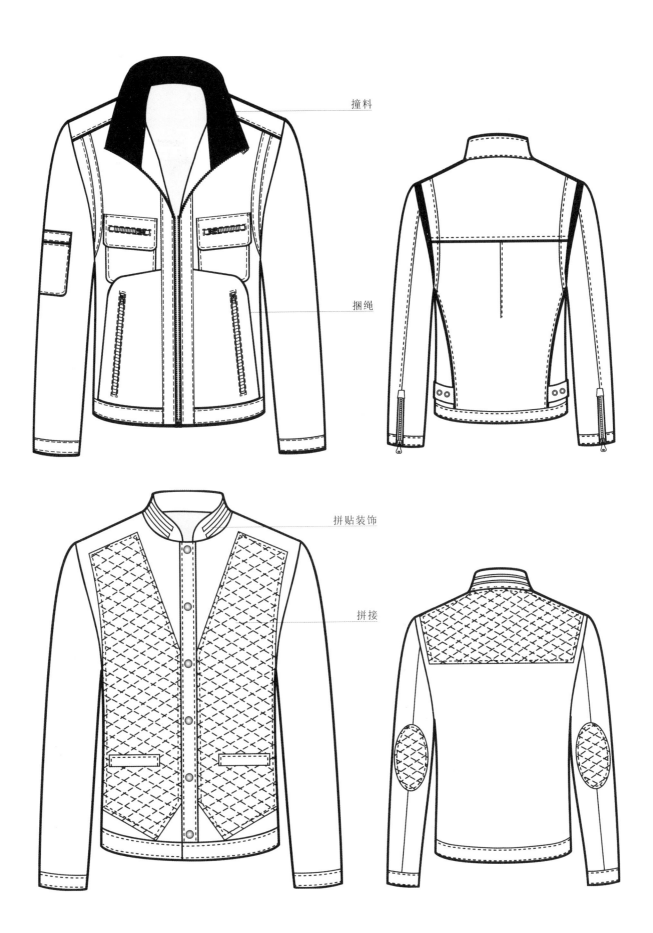

撞料

捆绳

拼贴装饰

拼接

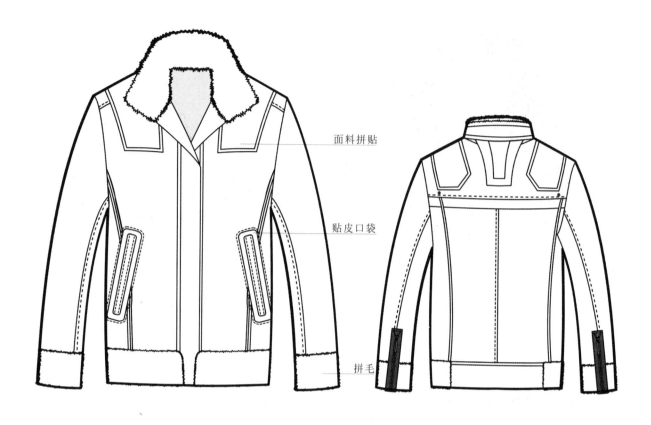

面料拼贴

贴皮口袋

拼毛

双层领

拼皮绗缝

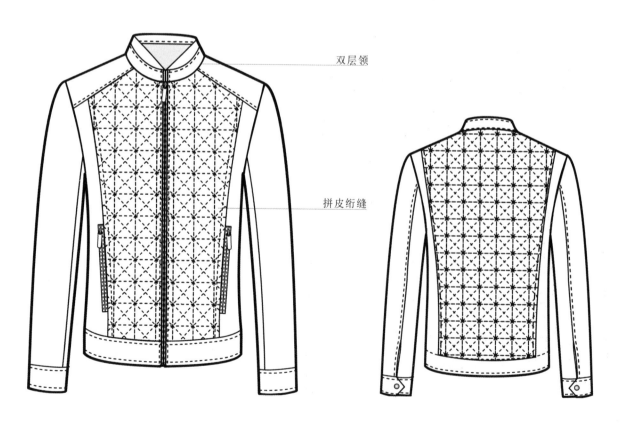

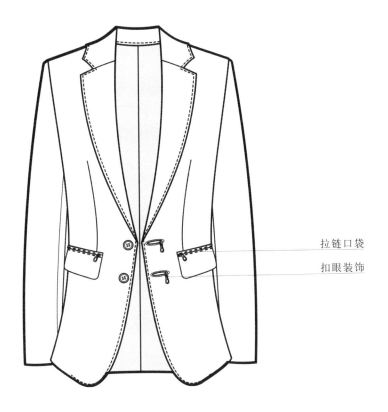

拉链口袋

扣眼装饰

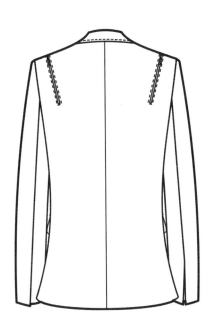

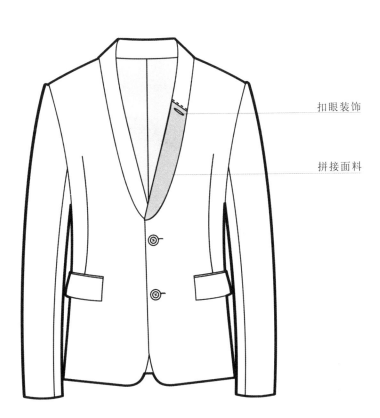

扣眼装饰

拼接面料

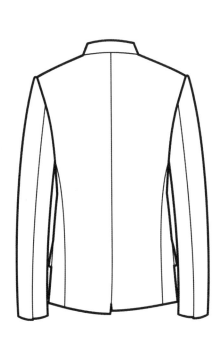

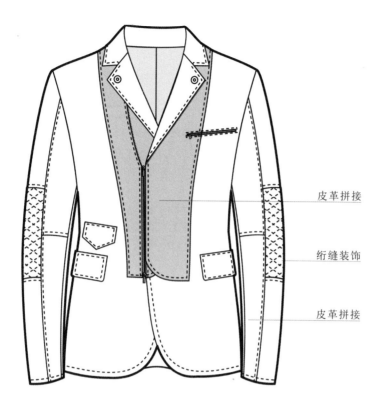

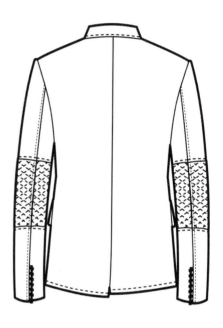

皮革拼接

绗缝装饰

皮革拼接

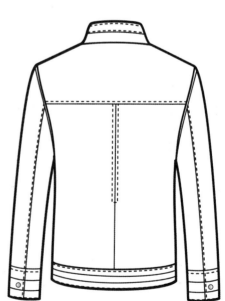

隐形拉链

车缝装饰线

2. 时尚款夹克

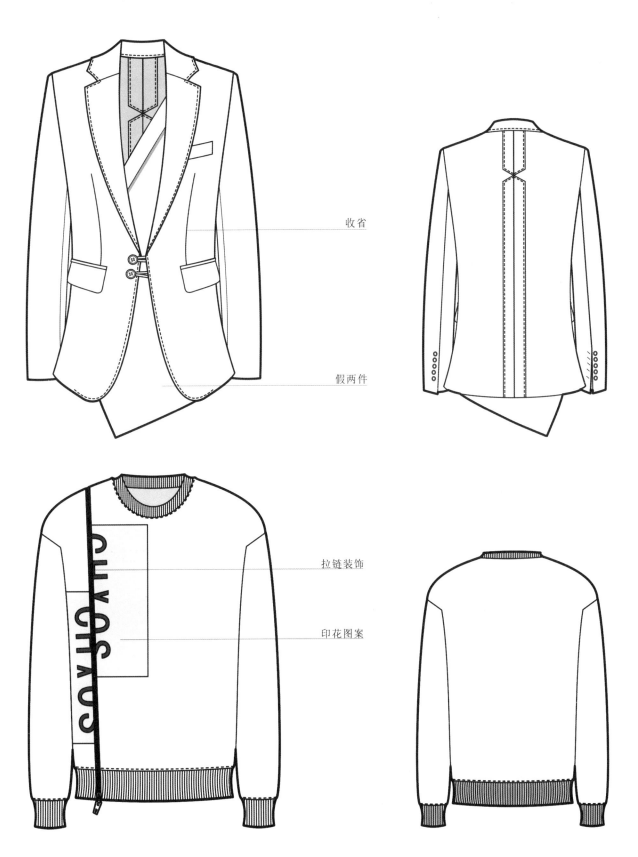

收省

假两件

拉链装饰

印花图案

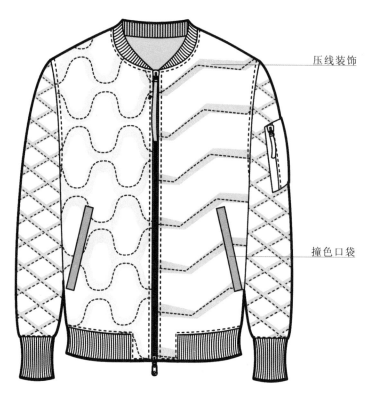

压线装饰

撞色口袋

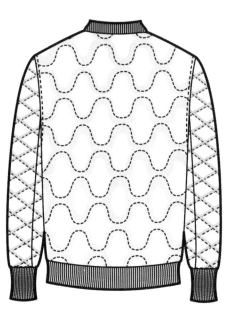

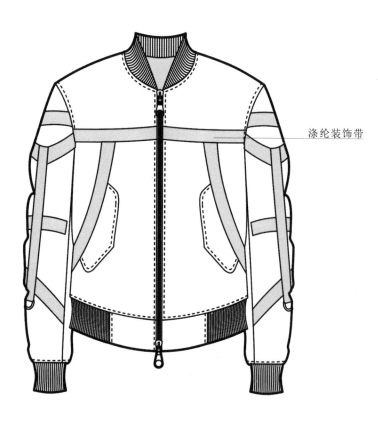

涤纶装饰带

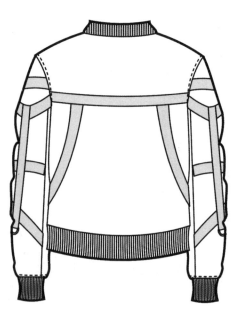

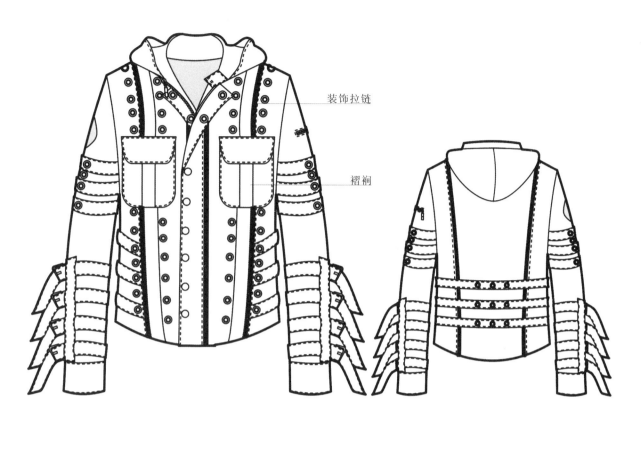

装饰拉链

褶裥

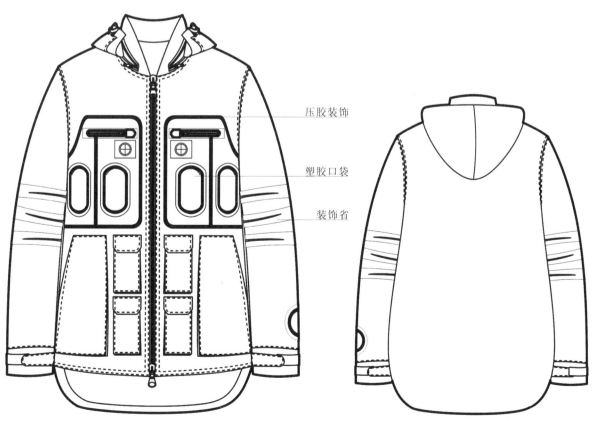

压胶装饰

塑胶口袋

装饰省

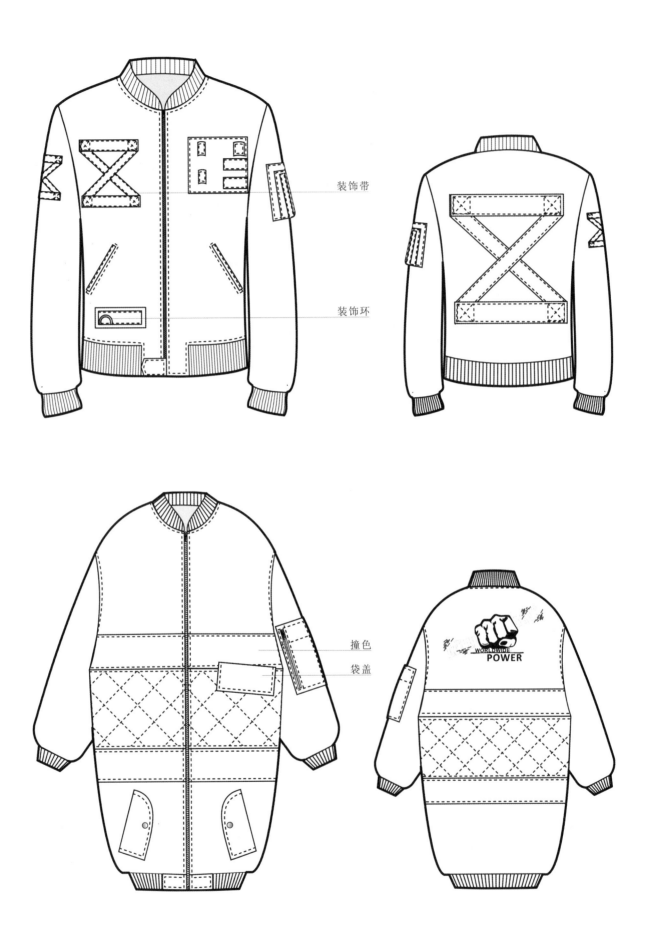

装饰带

装饰环

撞色

袋盖

胶印图案

面料拼接

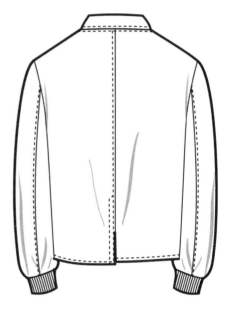

面料拼接

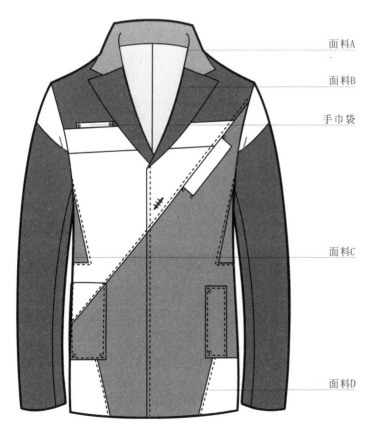
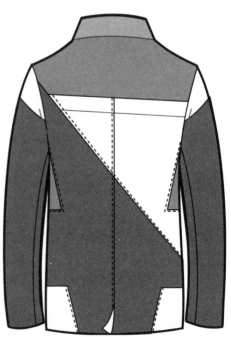

面料A

面料B

手巾袋

面料C

面料D

袋盖

假袋

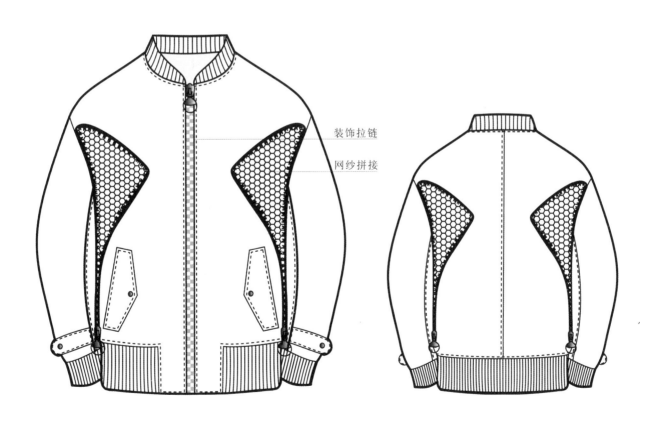

装饰拉链

网纱拼接

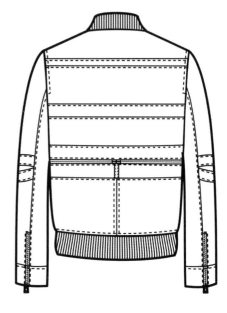

面料拼接

分割装饰

分割装饰

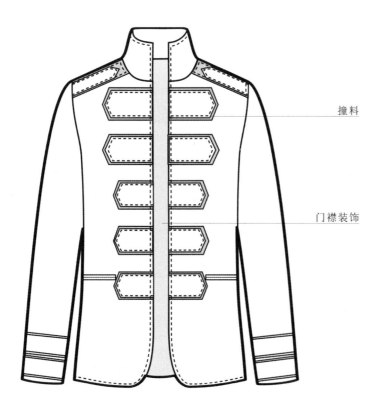
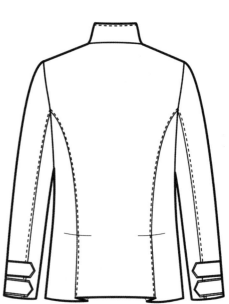

撞料

门襟装饰

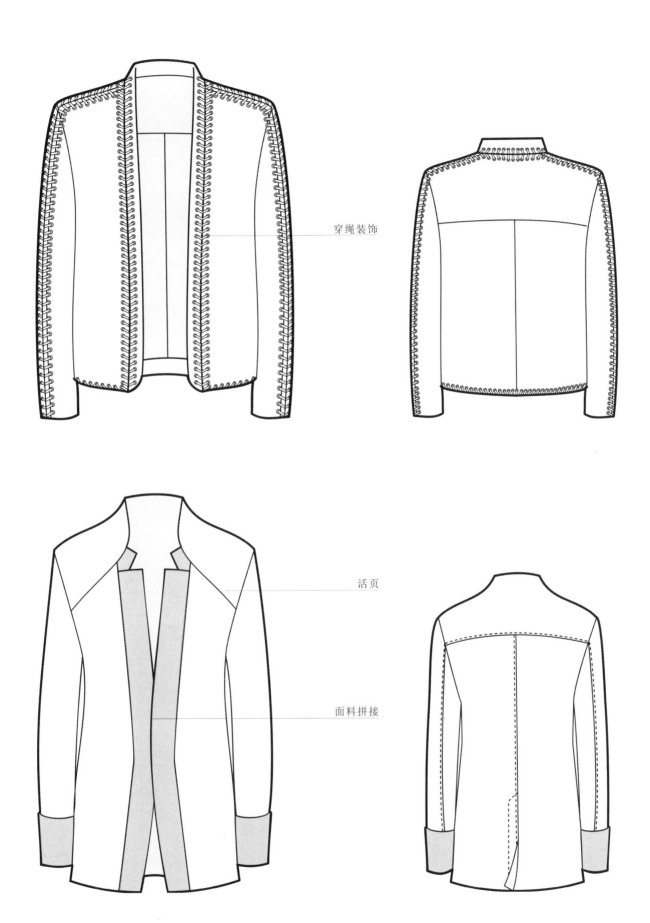

穿绳装饰

活页

面料拼接

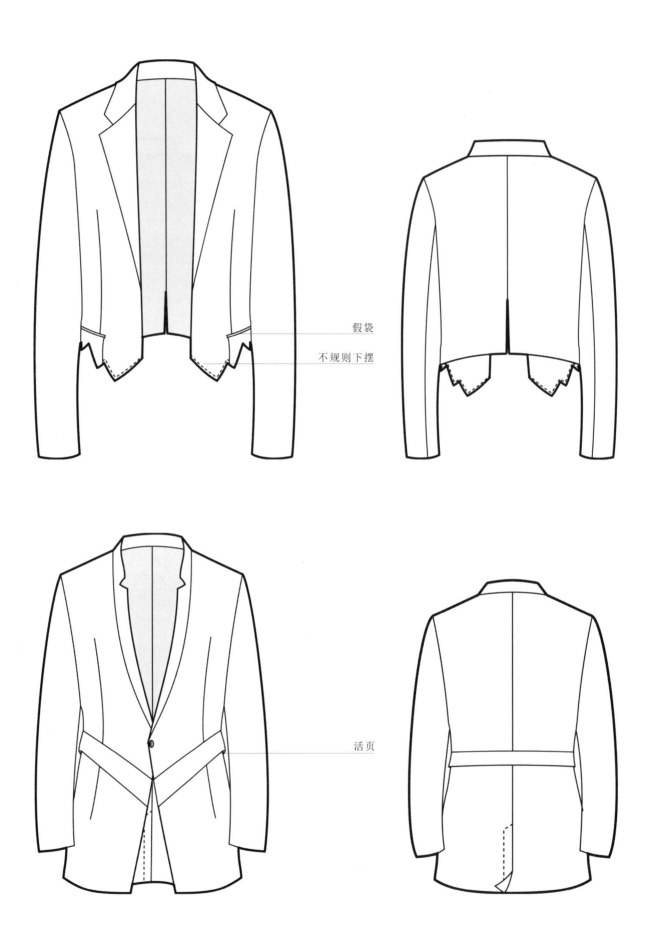

假袋

不规则下摆

活页

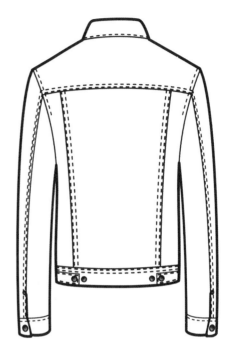

褶皱设计

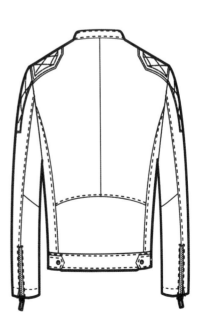

绗缝工艺线

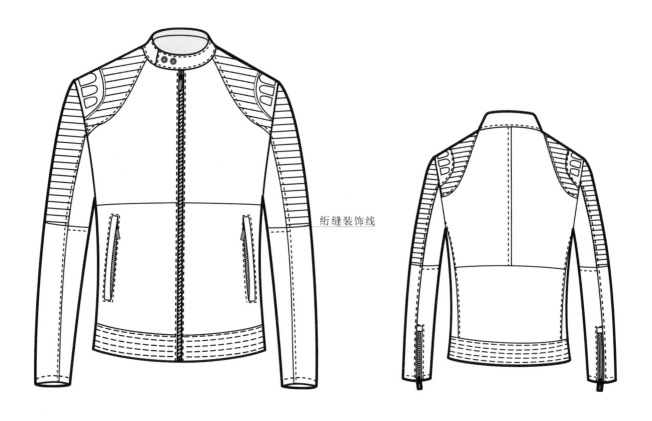

绗缝装饰线

时尚拼接

可调式腰带设计

插袋

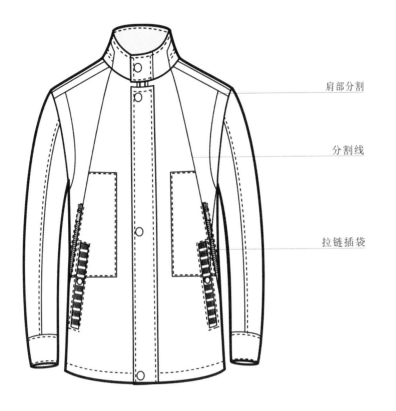

肩部分割

分割线

拉链插袋

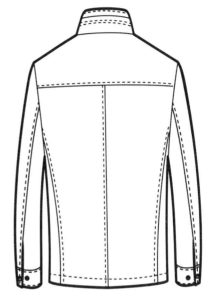

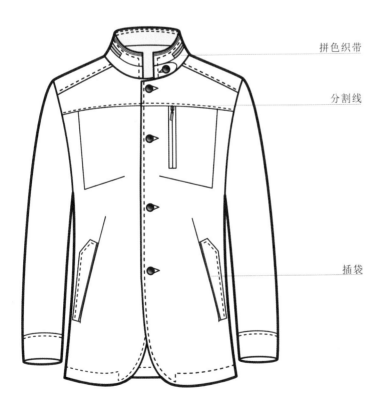

拼色织带

分割线

插袋

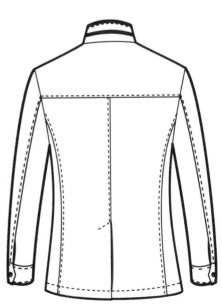

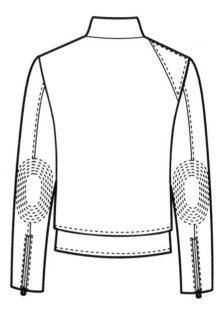

压装饰带

侧一字袋

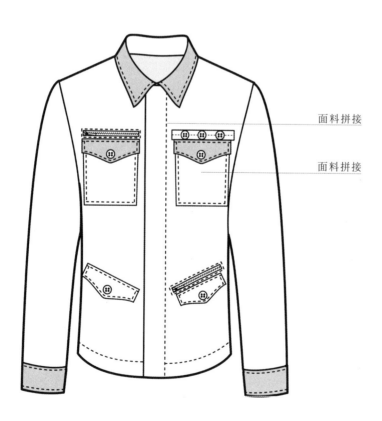
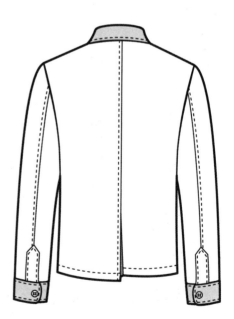

面料拼接

面料拼接

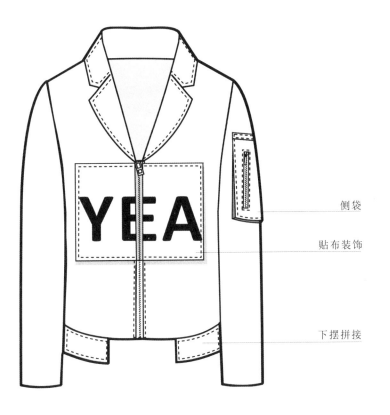

侧袋

贴布装饰

下摆拼接

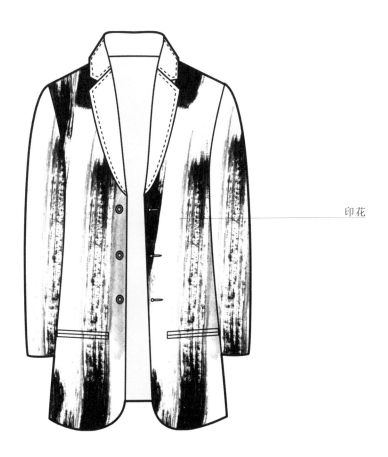

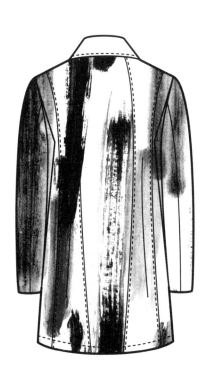

印花

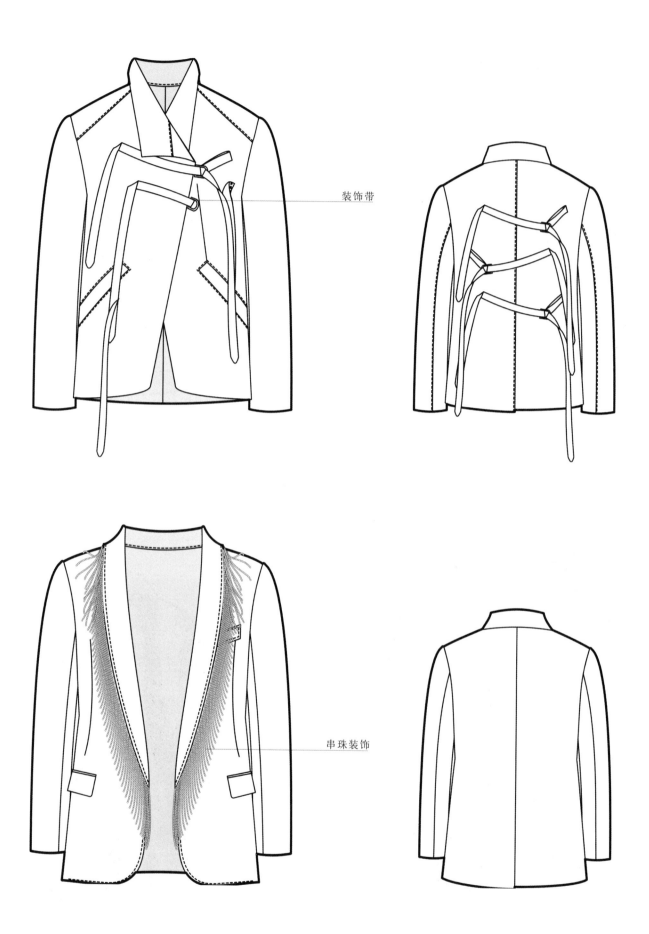

装饰带

串珠装饰

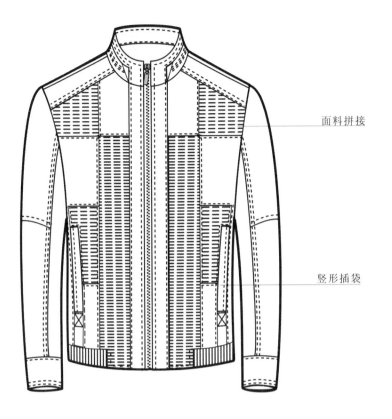

面料拼接

竖形插袋

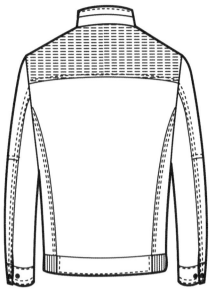

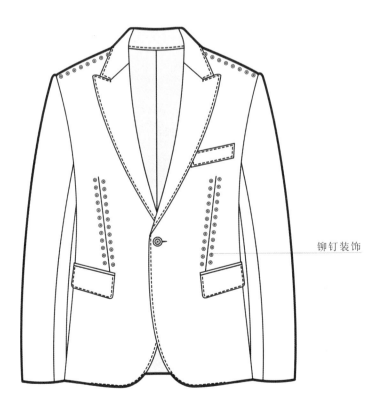

铆钉装饰

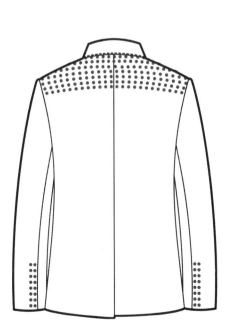

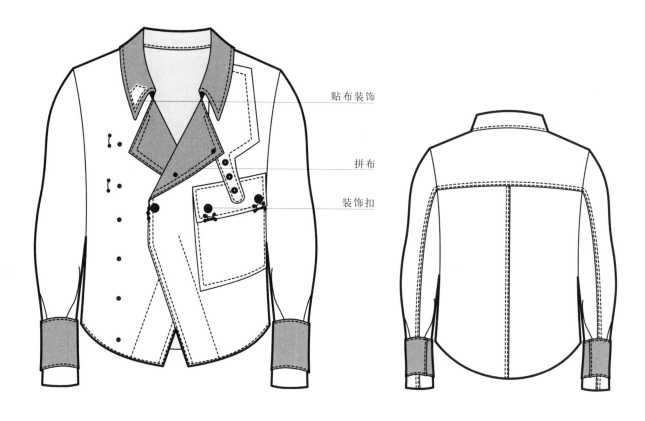

贴布装饰

拼布

装饰扣

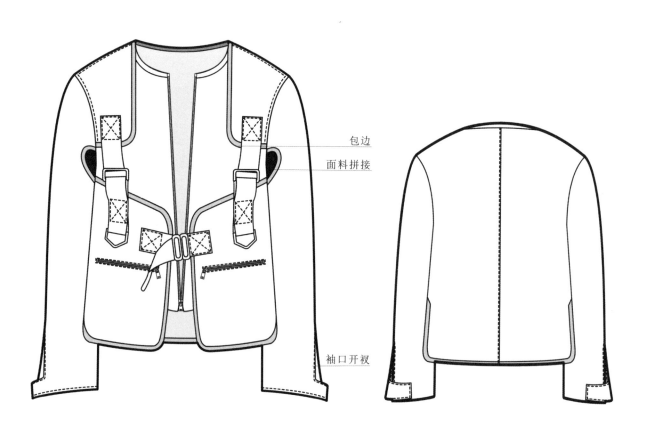

包边

面料拼接

袖口开衩

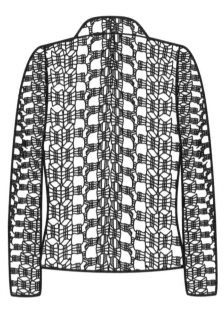

麻绳编制
而成的图案

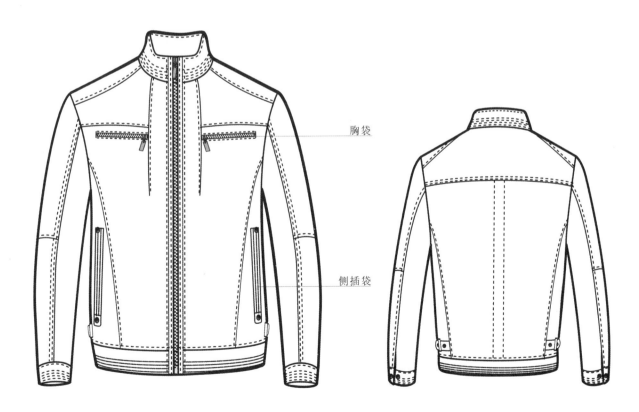

胸袋

侧插袋

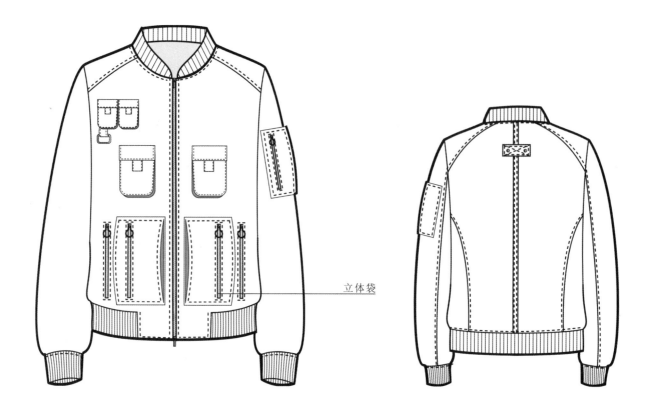

立体袋

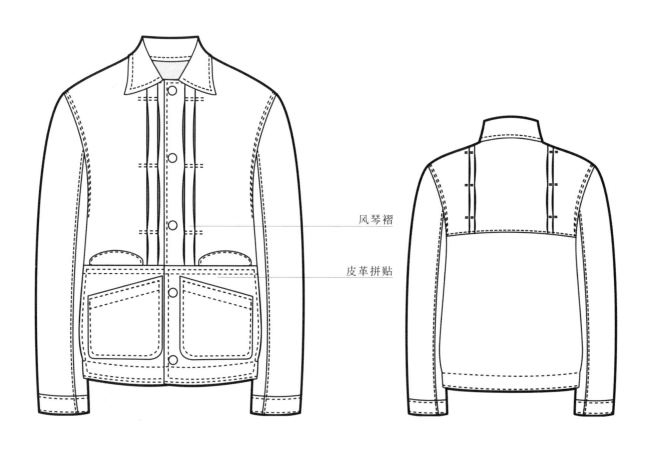

风琴褶

皮革拼贴

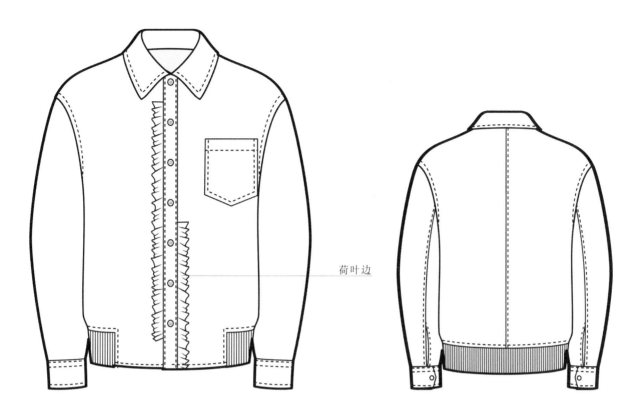

荷叶边

两用领

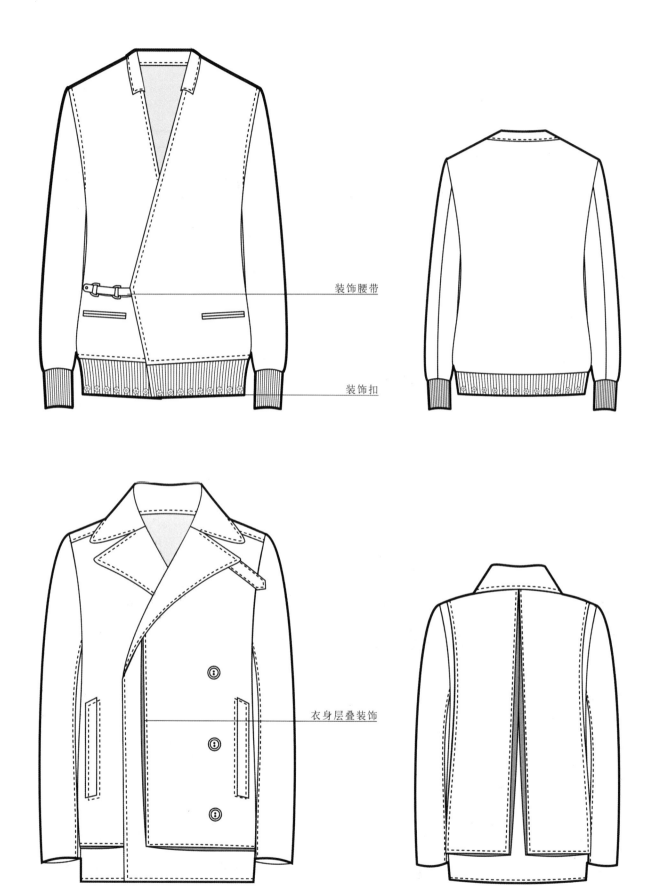

装饰腰带

装饰扣

衣身层叠装饰

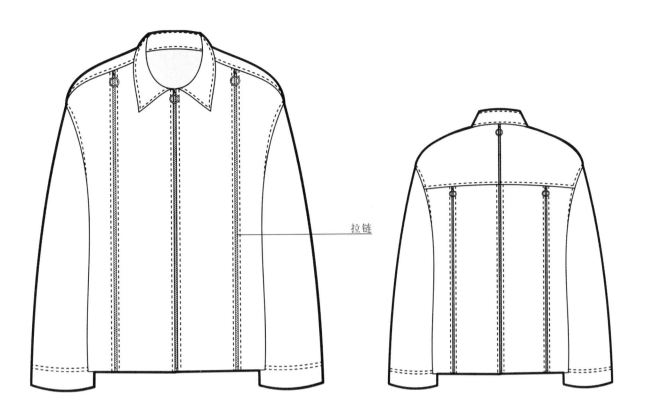

拉链

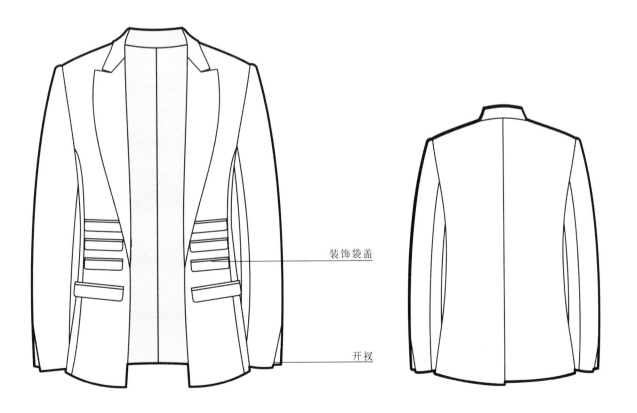

装饰袋盖

开衩

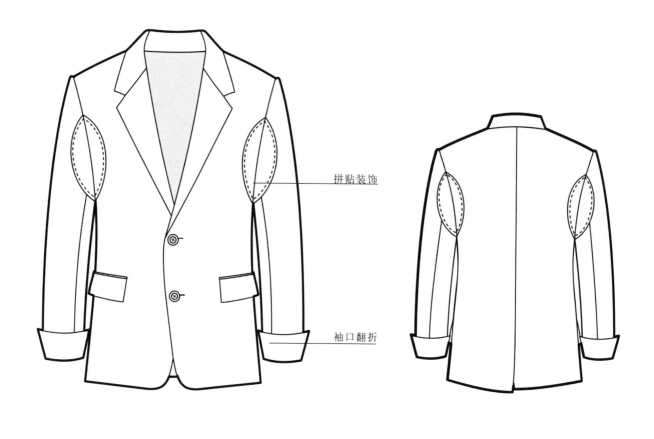

拼贴装饰

袖口翻折

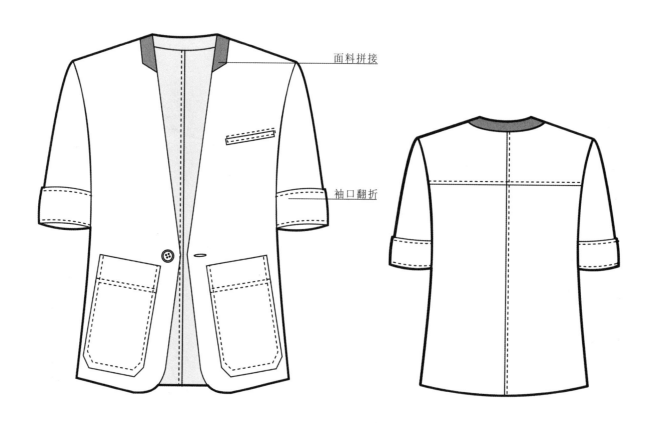

面料拼接

袖口翻折

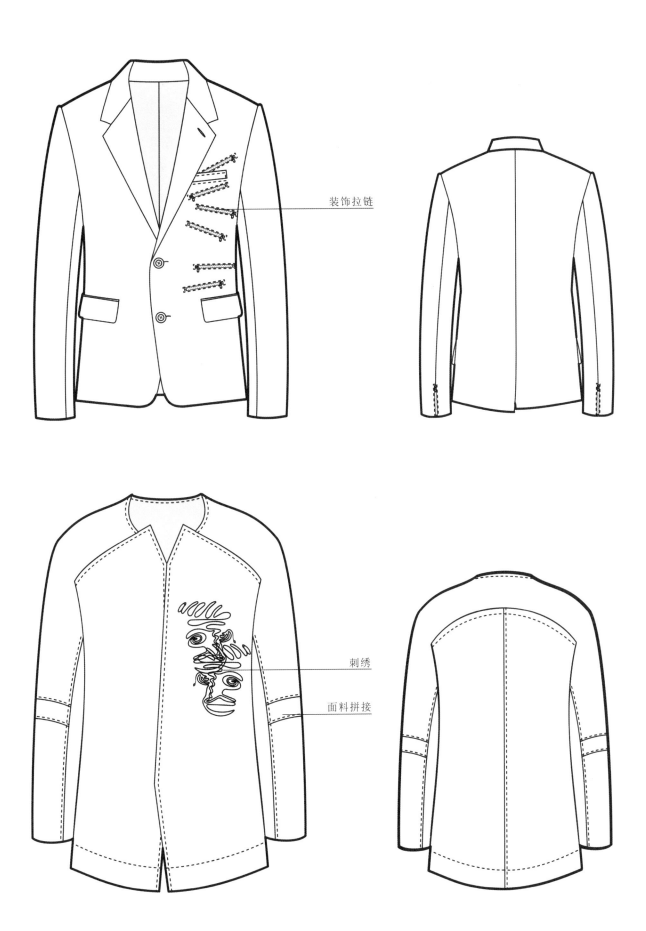

装饰拉链

刺绣

面料拼接

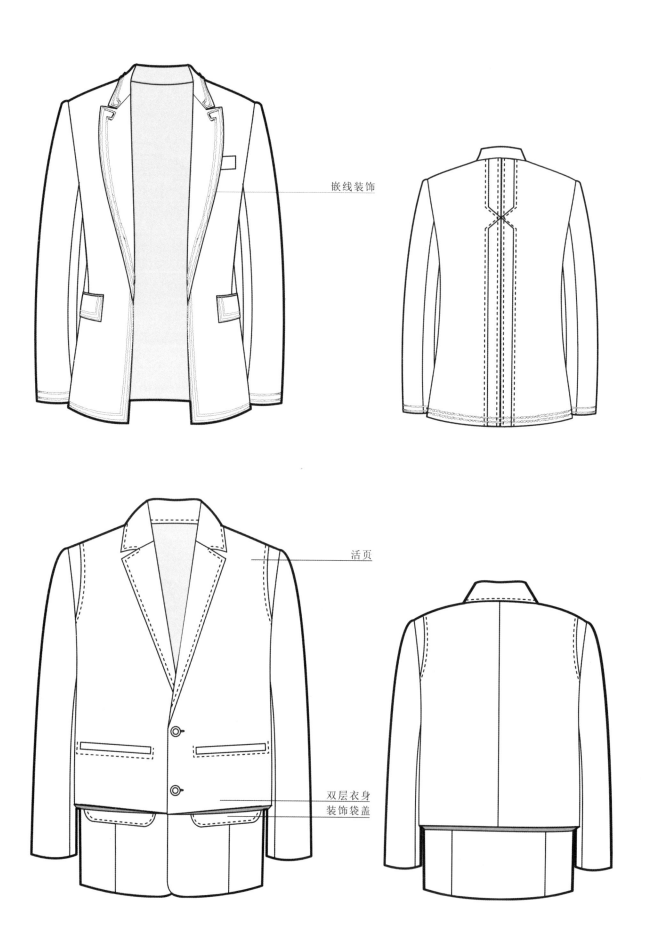

嵌线装饰

活页

双层衣身
装饰袋盖

罗纹拼接

收省
开衩

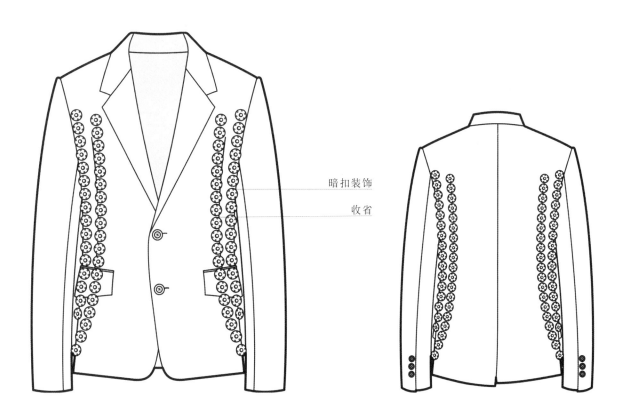

暗扣装饰

收省

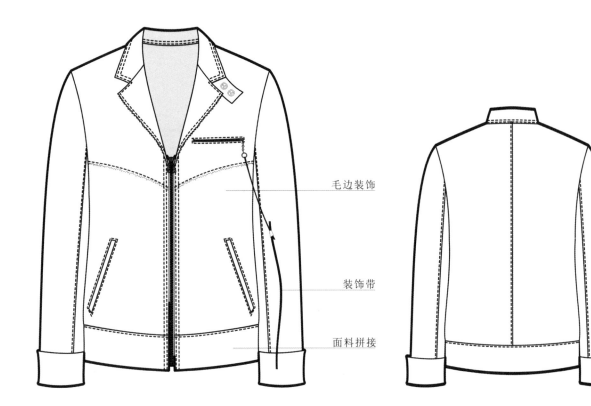

毛边装饰

装饰带

面料拼接

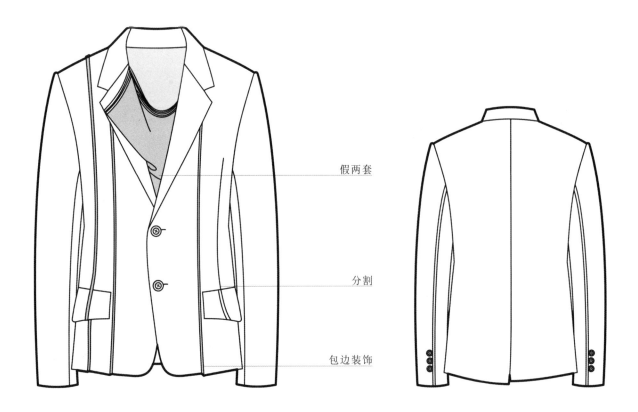

假两套

分割

包边装饰

弧形门襟

面料拼接

分割

面料拼贴

压线装饰

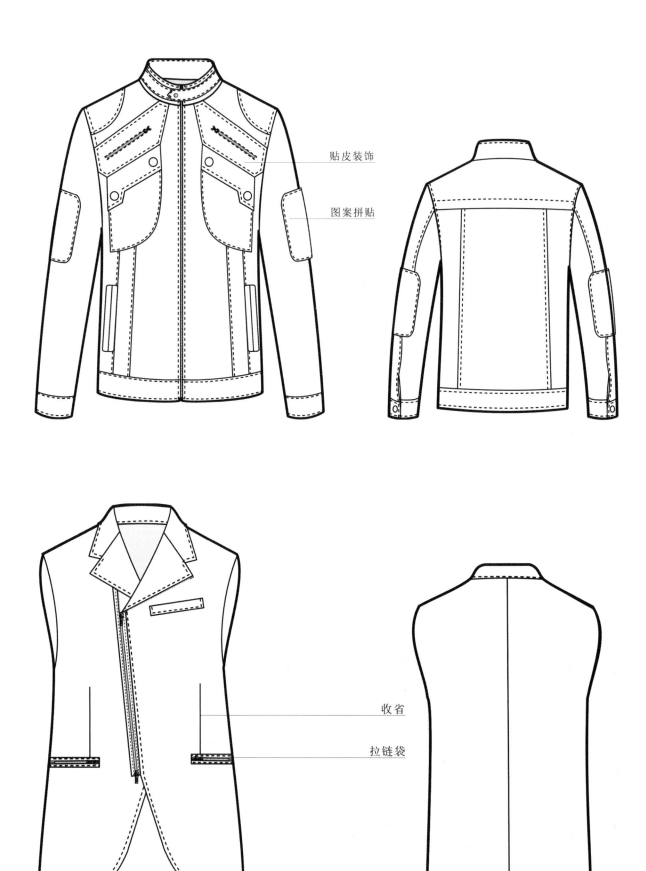

贴皮装饰

图案拼贴

收省

拉链袋

连身出领

分割装饰

口袋

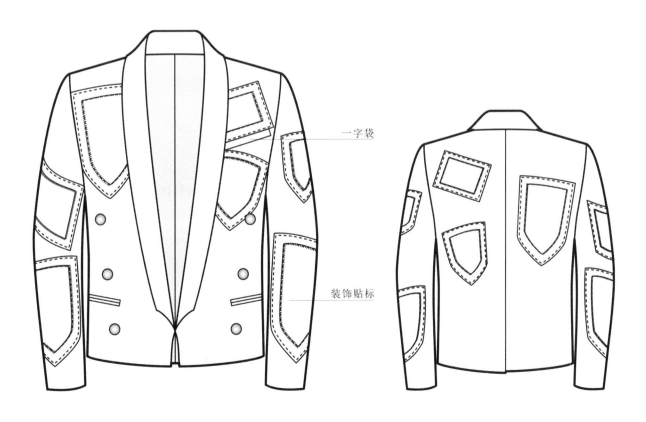

一字袋

装饰贴标

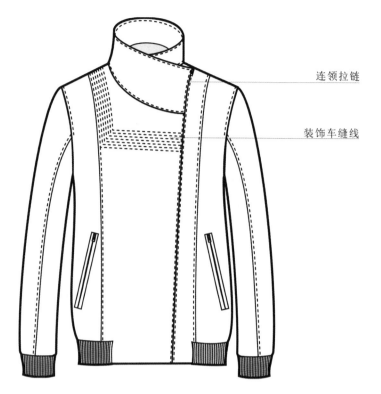
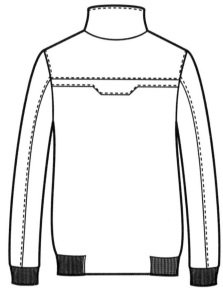

连领拉链

装饰车缝线

穿孔装饰

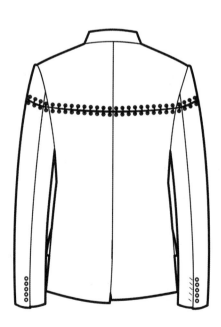

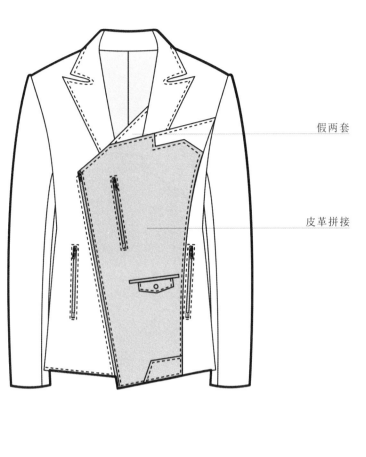
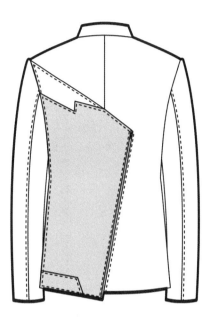

假两套

皮革拼接

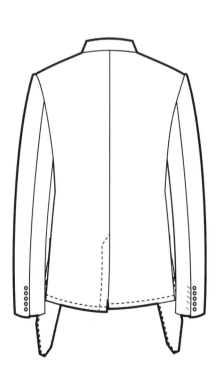

装饰贴袋

3. 休闲运动款夹克

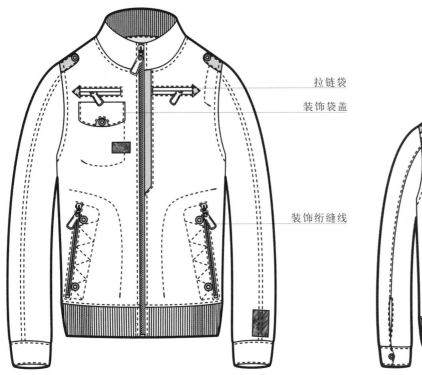

拉链袋

装饰袋盖

装饰绗缝线

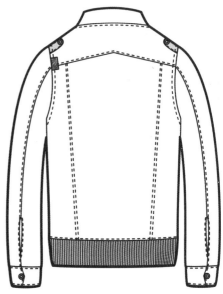

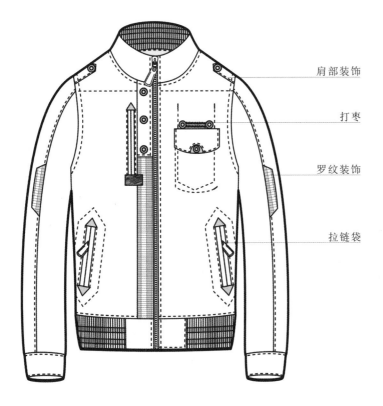

肩部装饰

打枣

罗纹装饰

拉链袋

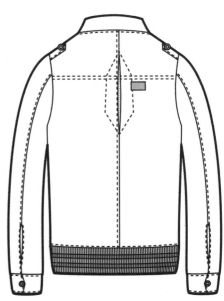

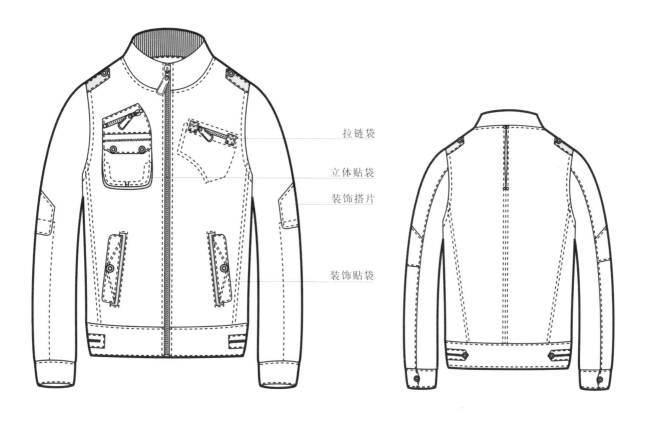

拉链袋

立体贴袋

装饰搭片

装饰贴袋

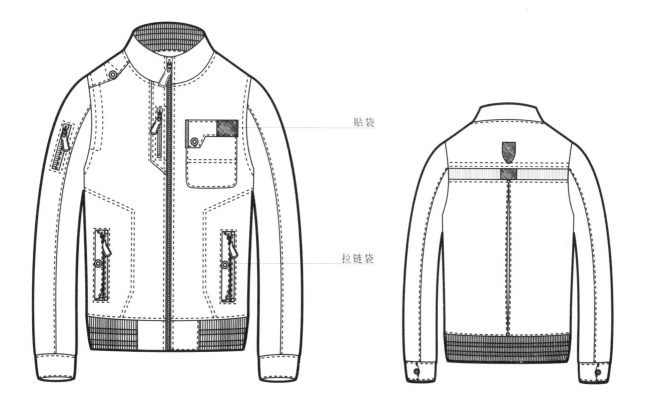

贴袋

拉链袋

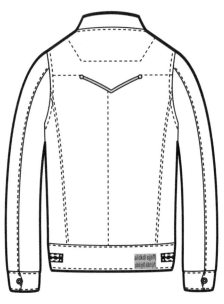

装饰袋盖

拉链袋

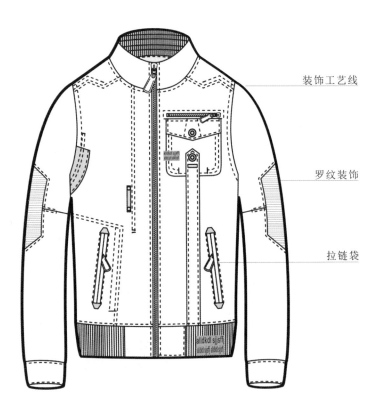
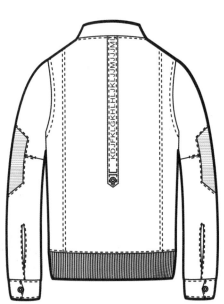

装饰工艺线

罗纹装饰

拉链袋

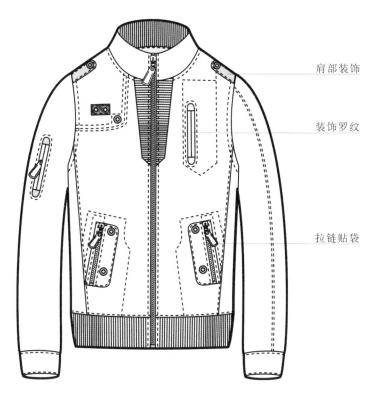

肩部装饰

装饰罗纹

拉链贴袋

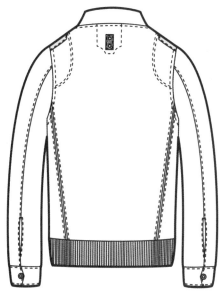

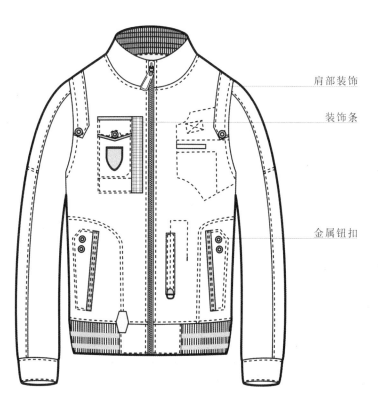

肩部装饰

装饰条

金属钮扣

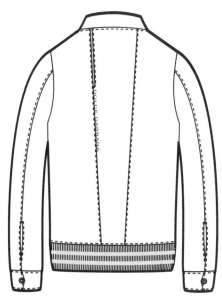

装饰贴袋

装饰工艺线

肩部装饰

袖子装饰

插袋

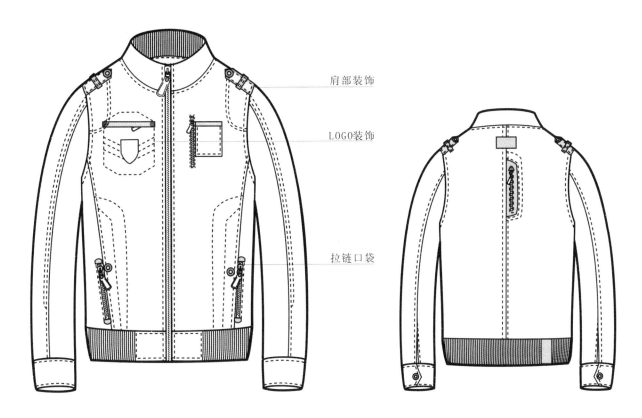

肩部装饰

LOGO装饰

拉链口袋

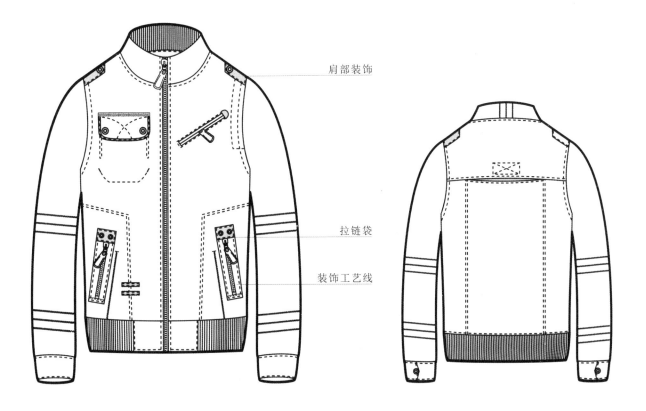

肩部装饰

拉链袋

装饰工艺线

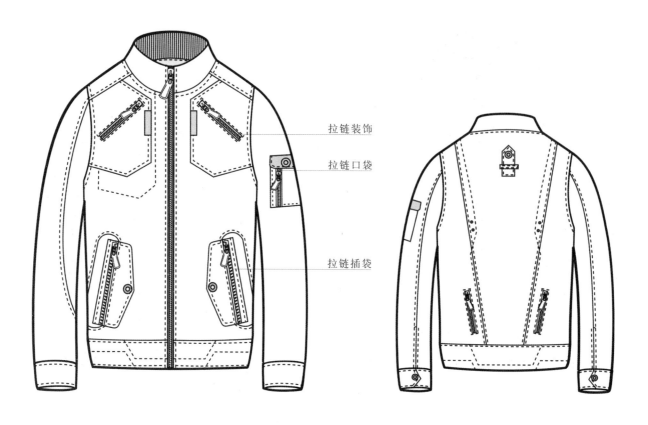

拉链装饰

拉链口袋

拉链插袋

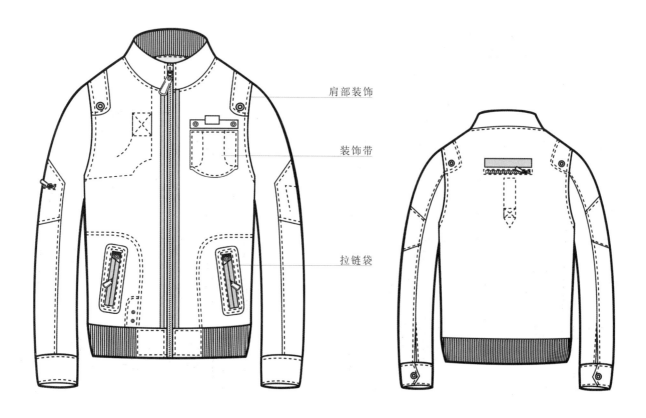

肩部装饰

装饰带

拉链袋

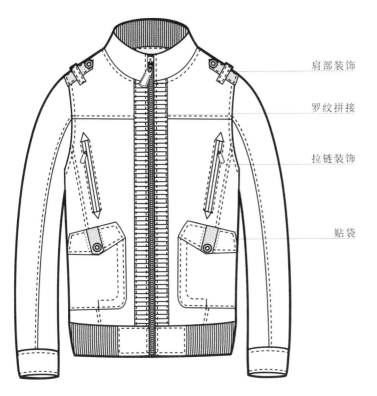
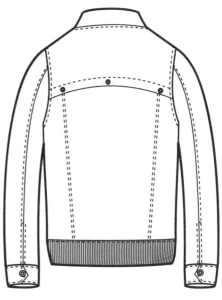

肩部装饰

罗纹拼接

拉链装饰

贴袋

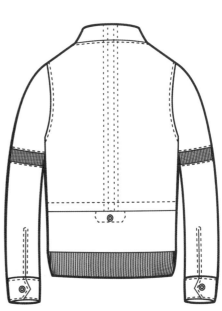

拉链插袋

罗纹拼接

贴袋

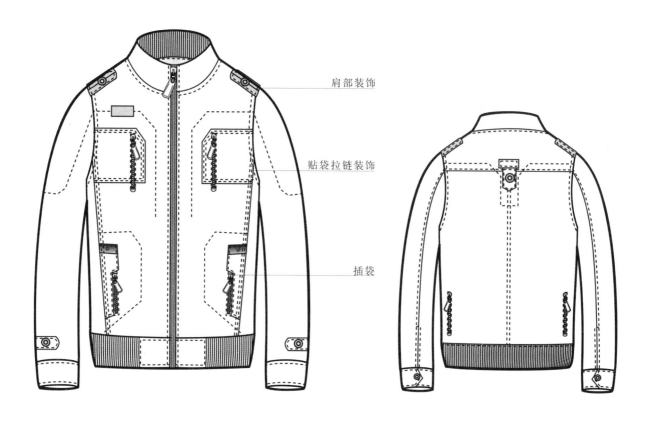

肩部装饰

贴袋拉链装饰

插袋

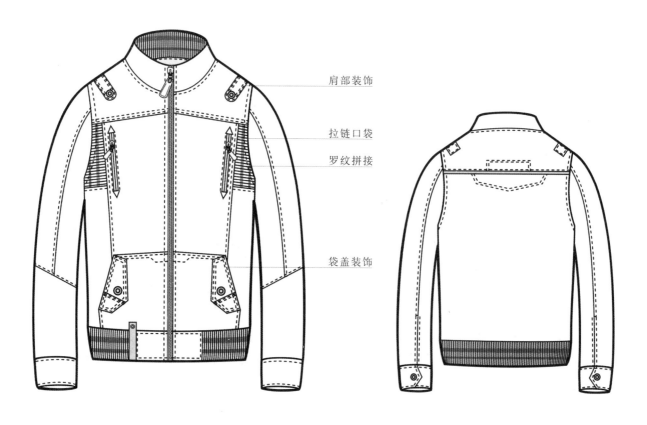

肩部装饰

拉链口袋

罗纹拼接

袋盖装饰

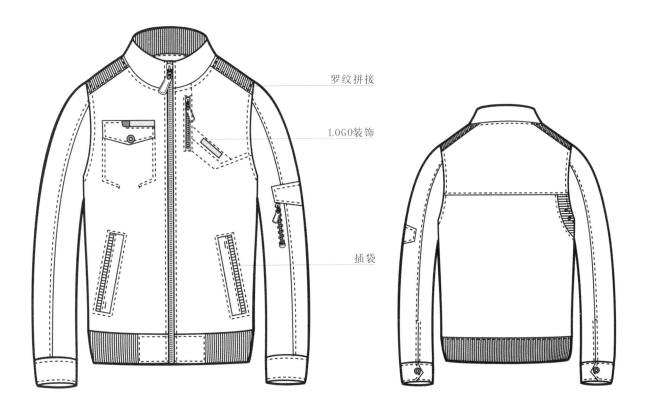

罗纹拼接

LOGO装饰

插袋

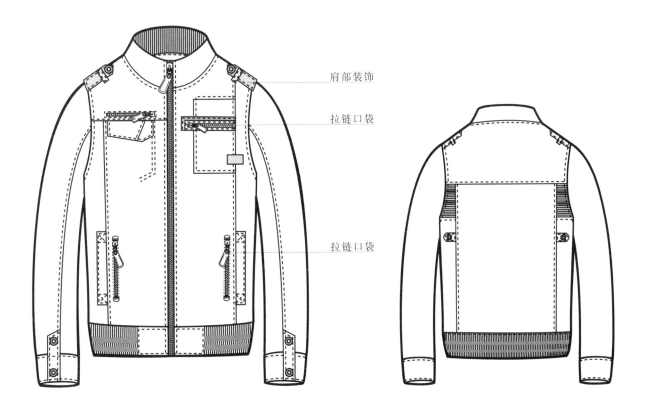

肩部装饰

拉链口袋

拉链口袋

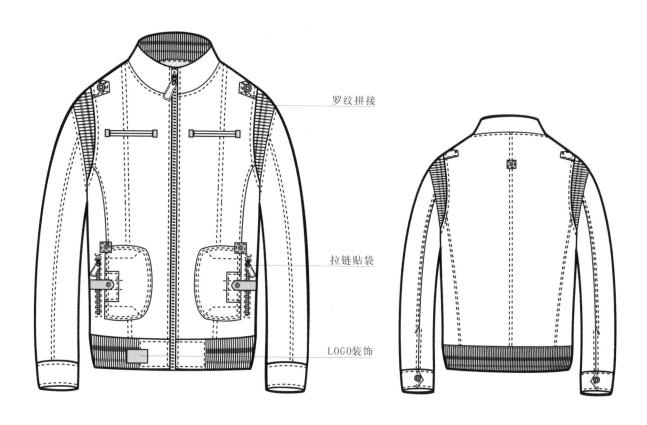

罗纹拼接

拉链贴袋

LOGO装饰

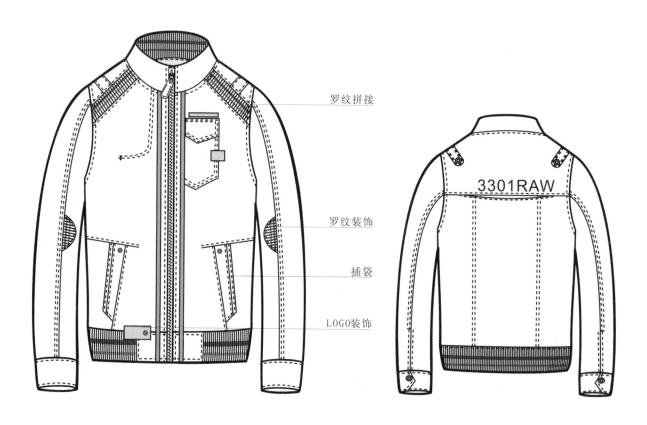

罗纹拼接

罗纹装饰

插袋

LOGO装饰

3301RAW

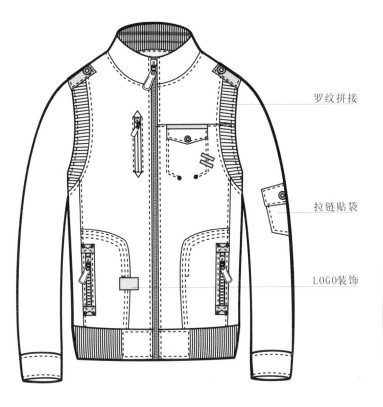

罗纹拼接

拉链贴袋

LOGO装饰

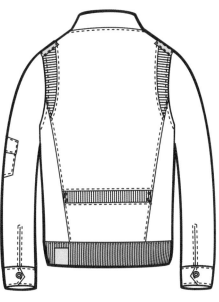

贴袋

罗纹拼接

插袋

LOGO装饰

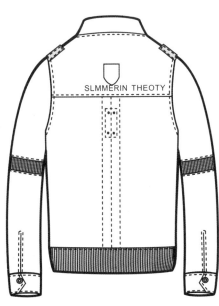

SLMMERIN THEOTY

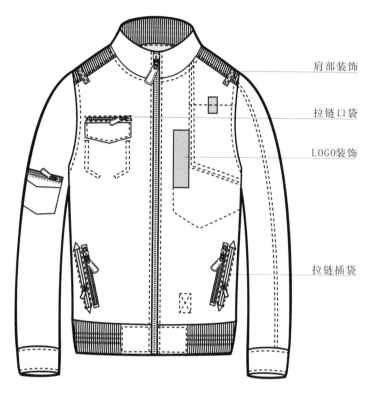
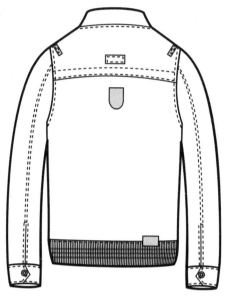

肩部装饰

拉链口袋

LOGO装饰

拉链插袋

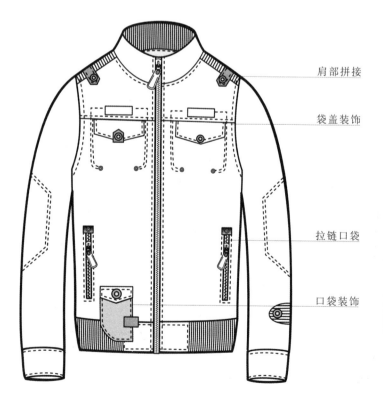
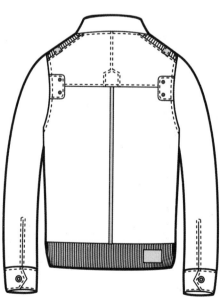

肩部拼接

袋盖装饰

拉链口袋

口袋装饰

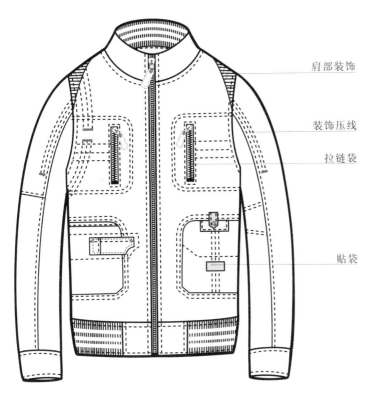

肩部装饰

装饰压线

拉链袋

贴袋

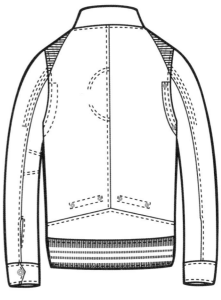

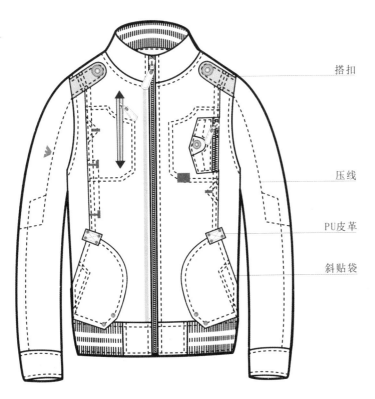

搭扣

压线

PU皮革

斜贴袋

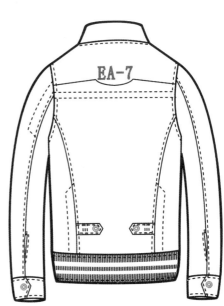

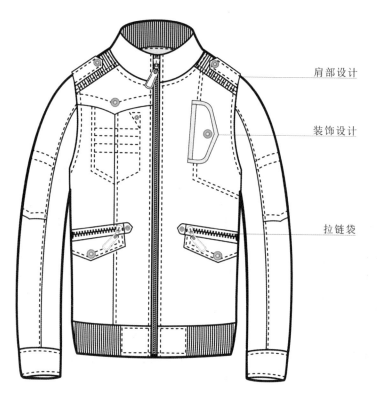
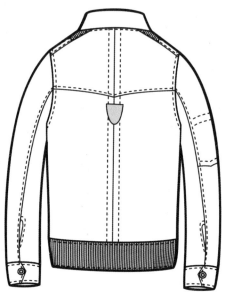

肩部设计

装饰设计

拉链袋

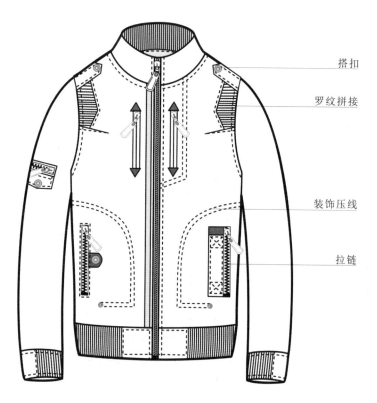
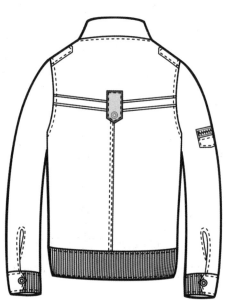

搭扣

罗纹拼接

装饰压线

拉链

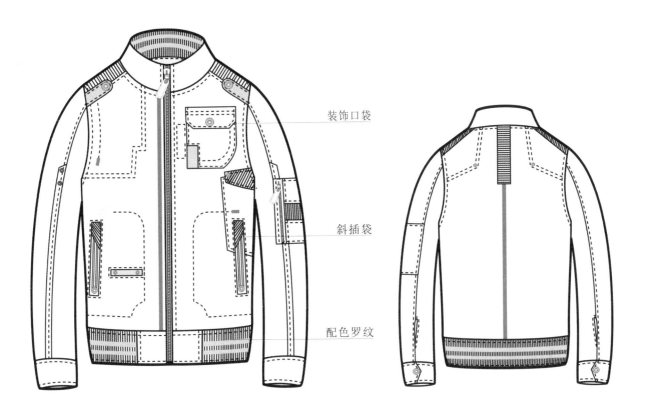

装饰口袋

斜插袋

配色罗纹

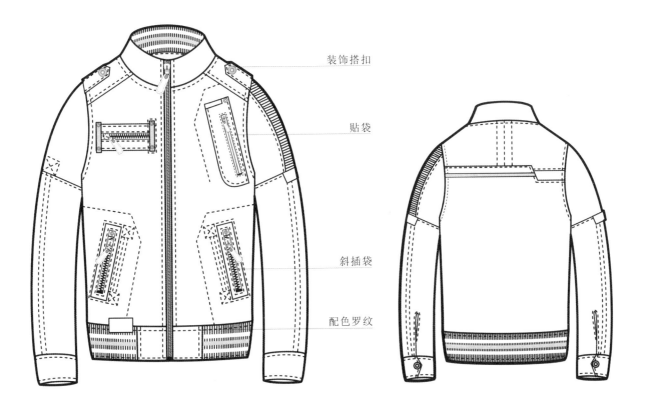

装饰搭扣

贴袋

斜插袋

配色罗纹

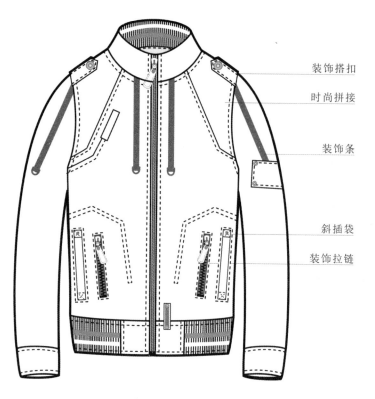

装饰搭扣

时尚拼接

装饰条

斜插袋

装饰拉链

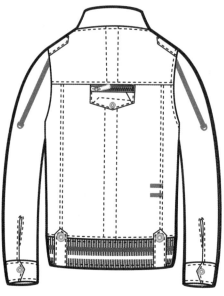

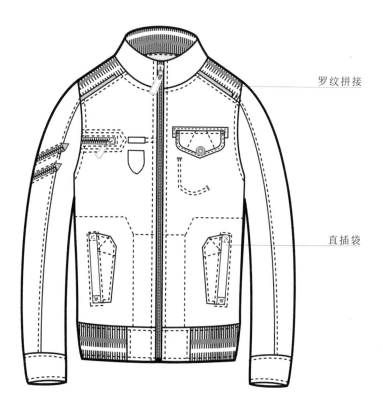

罗纹拼接

直插袋

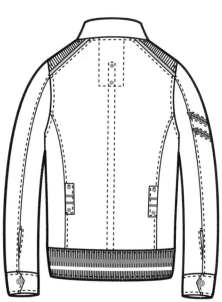

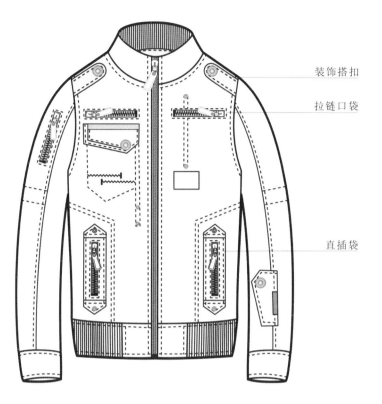

装饰搭扣

拉链口袋

直插袋

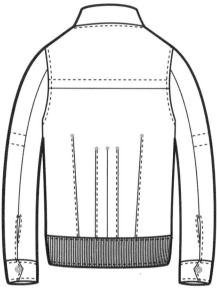

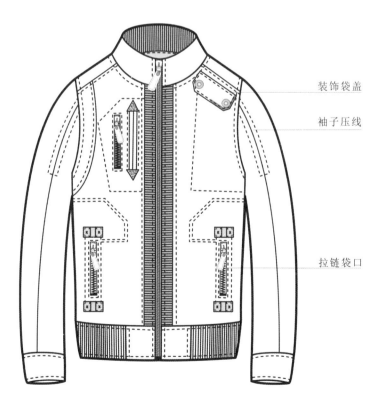

装饰袋盖

袖子压线

拉链袋口

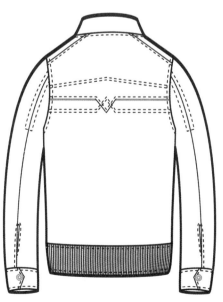

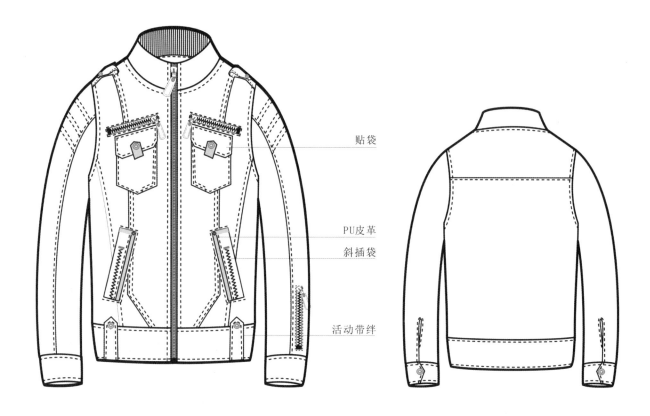

贴袋

PU皮革
斜插袋

活动带绊

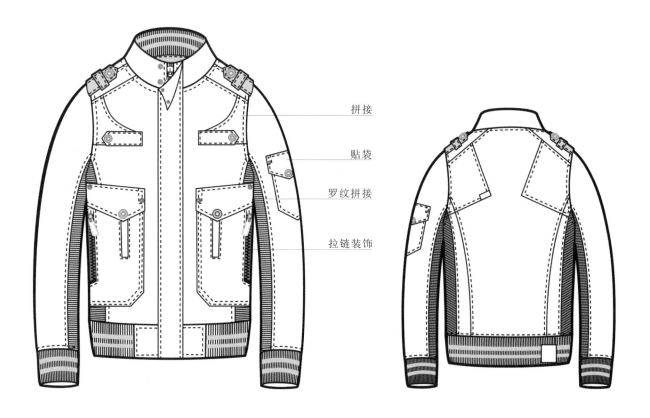

拼接

贴袋

罗纹拼接

拉链装饰

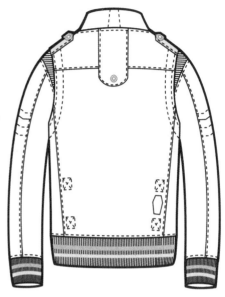

搭扣

PU皮革

拉链

分割

袋盖

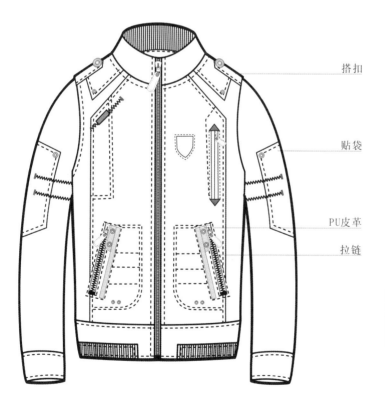
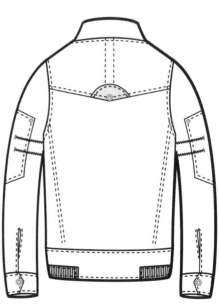

搭扣

贴袋

PU皮革

拉链

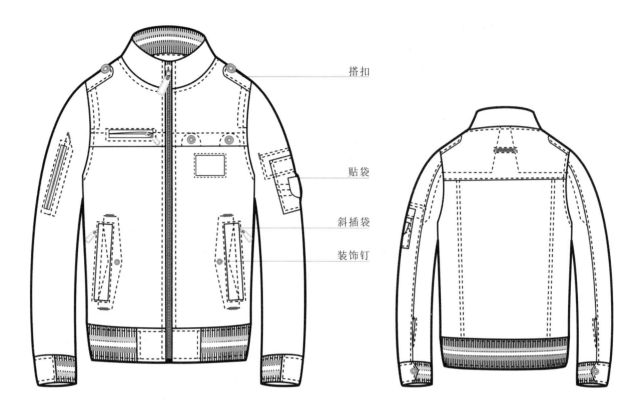

搭扣

贴袋

斜插袋

装饰钉

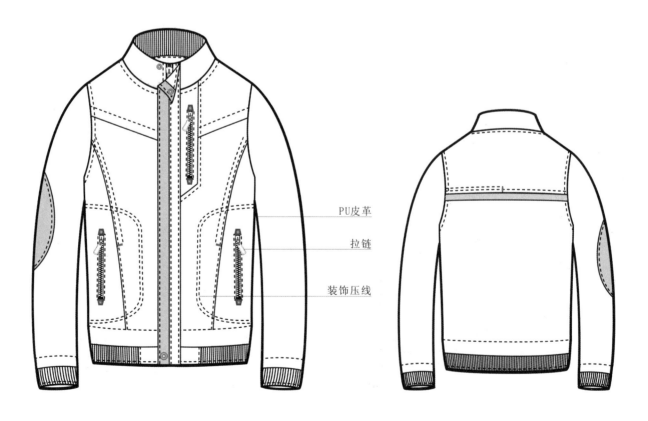

PU皮革

拉链

装饰压线

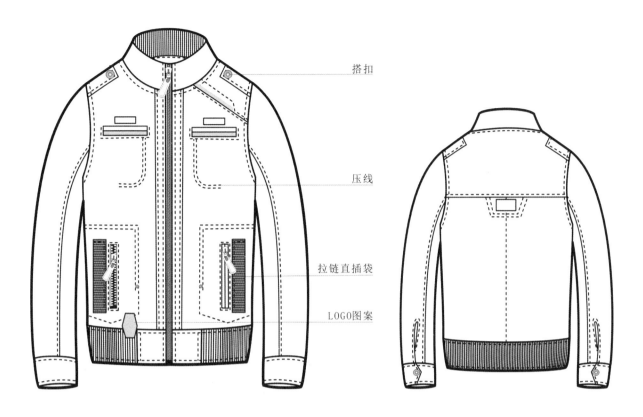

搭扣

压线

拉链直插袋

LOGO图案

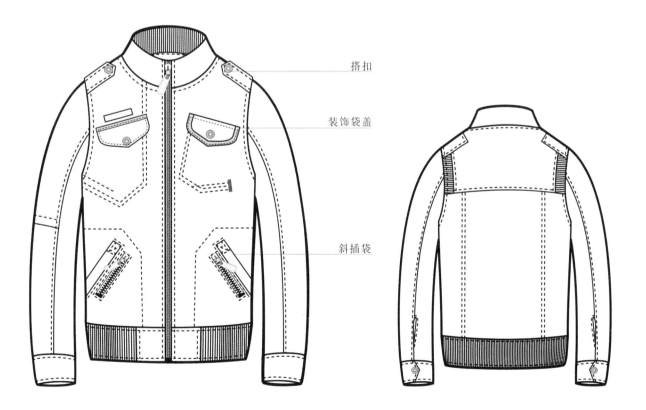

搭扣

装饰袋盖

斜插袋

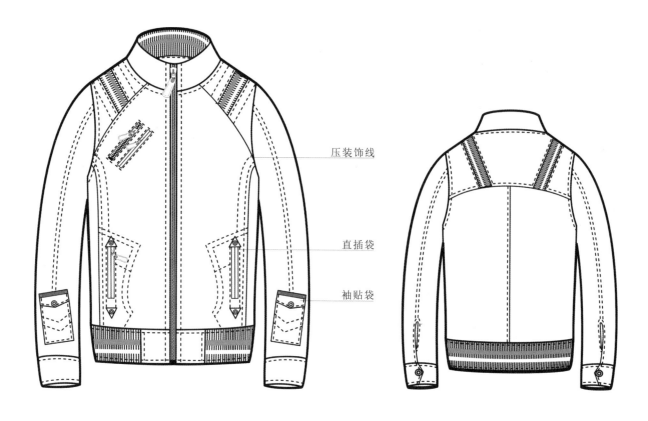

压装饰线

直插袋

袖贴袋

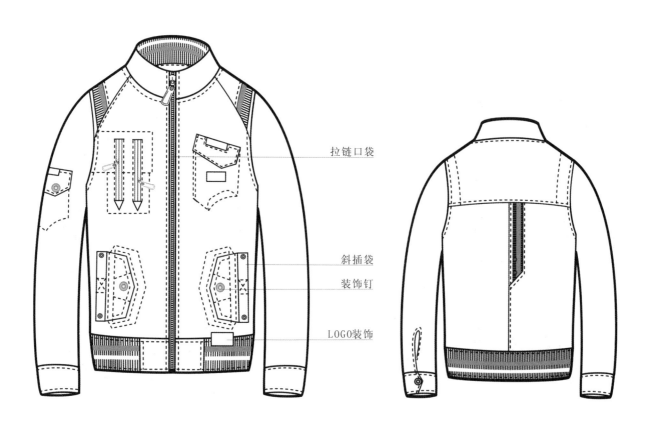

拉链口袋

斜插袋

装饰钉

LOGO装饰

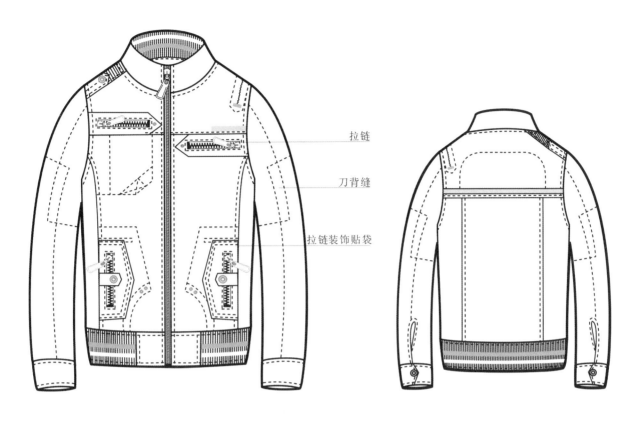

拉链

刀背缝

拉链装饰贴袋

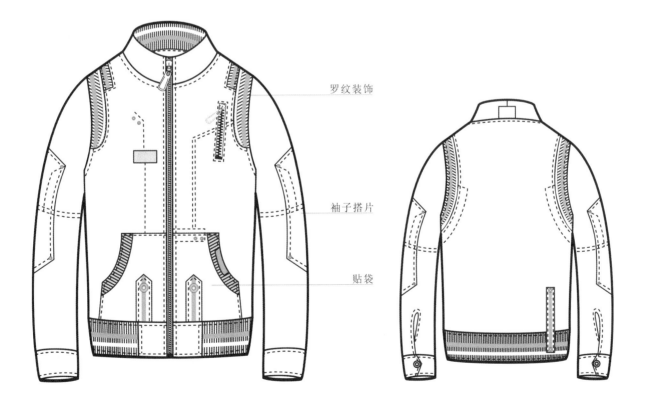

罗纹装饰

袖子搭片

贴袋

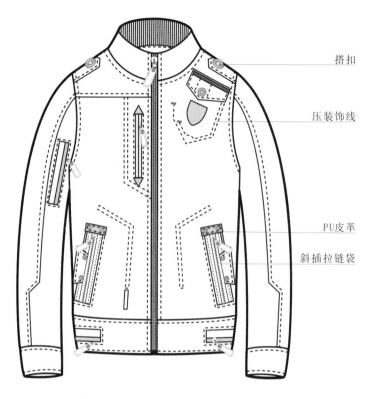
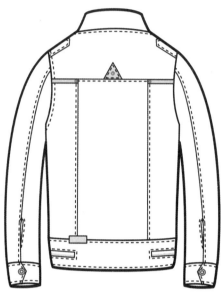

搭扣

压装饰线

PU皮革

斜插拉链袋

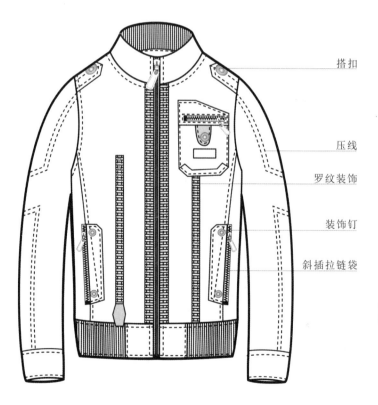
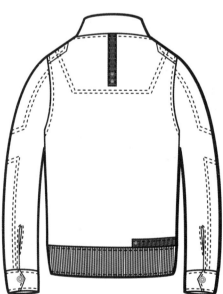

搭扣

压线

罗纹装饰

装饰钉

斜插拉链袋

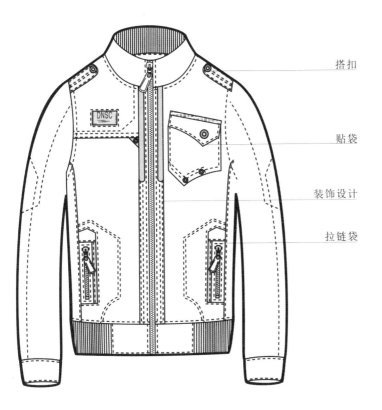
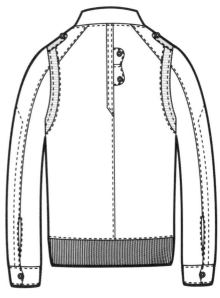

搭扣

贴袋

装饰设计

拉链袋

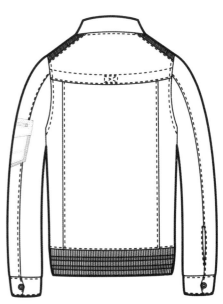

拼接罗纹

装饰口袋

分割线

拉链袋

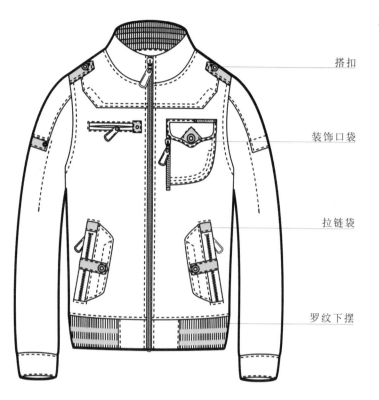
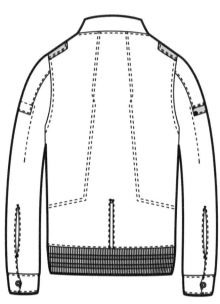

搭扣

装饰口袋

拉链袋

罗纹下摆

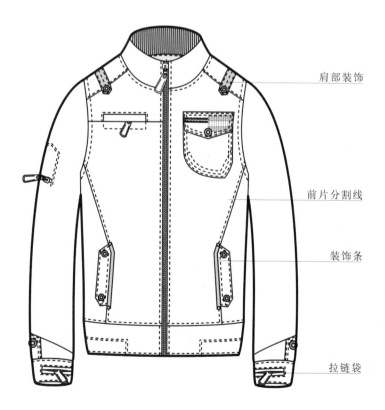
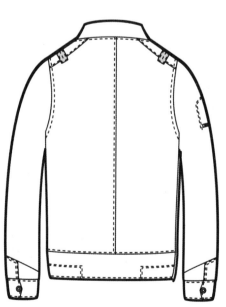

肩部装饰

前片分割线

装饰条

拉链袋

搭扣

装饰袋盖

拉链袋

搭片

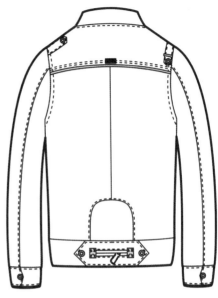

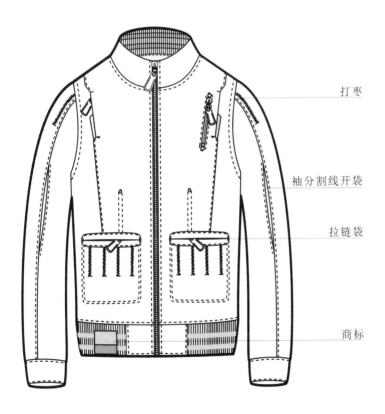

打枣

袖分割线开袋

拉链袋

商标

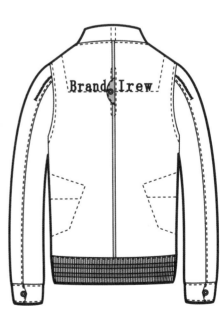

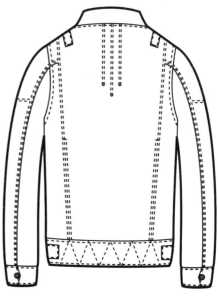

搭扣

拉链口袋

拉链袋

装饰绗缝线

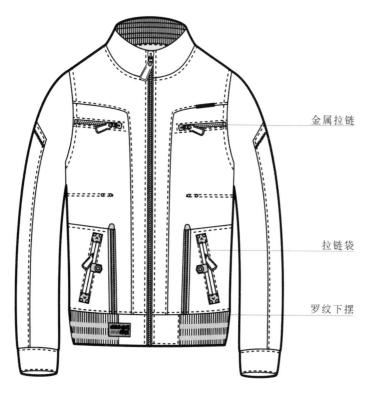
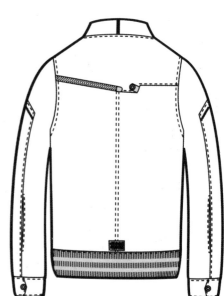

金属拉链

拉链袋

罗纹下摆

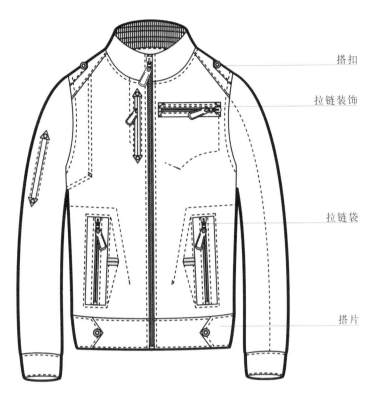
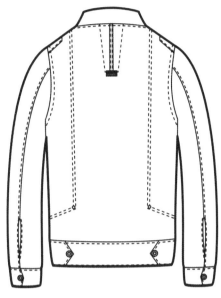

搭扣

拉链装饰

拉链袋

搭片

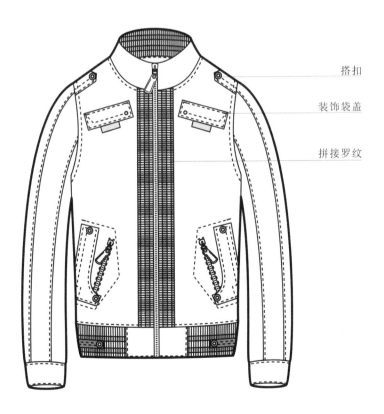
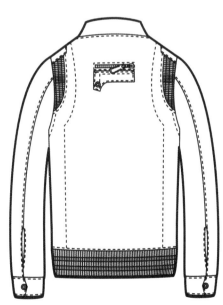

搭扣

装饰袋盖

拼接罗纹

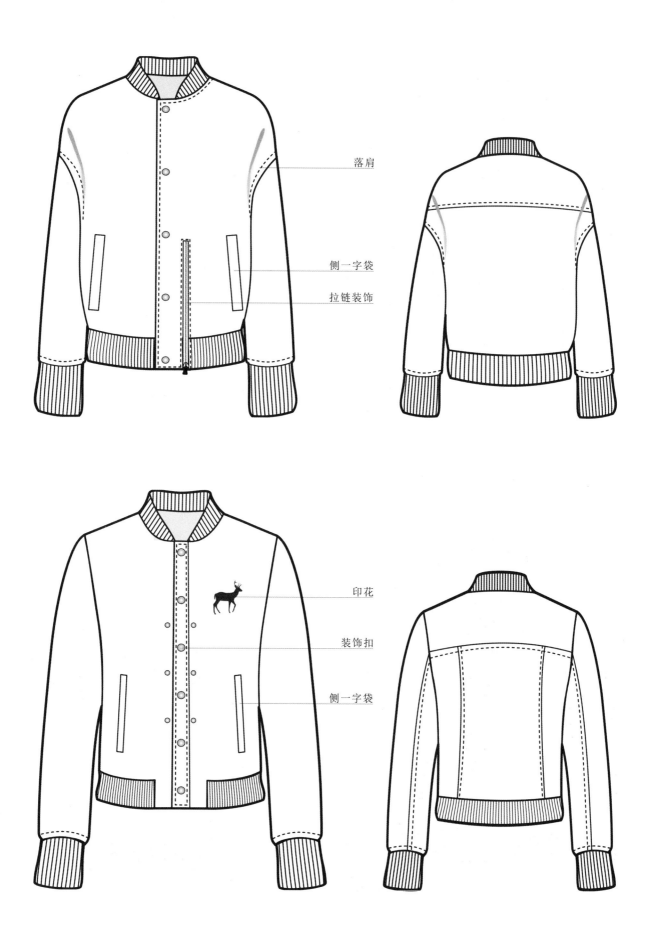

落肩

侧一字袋

拉链装饰

印花

装饰扣

侧一字袋

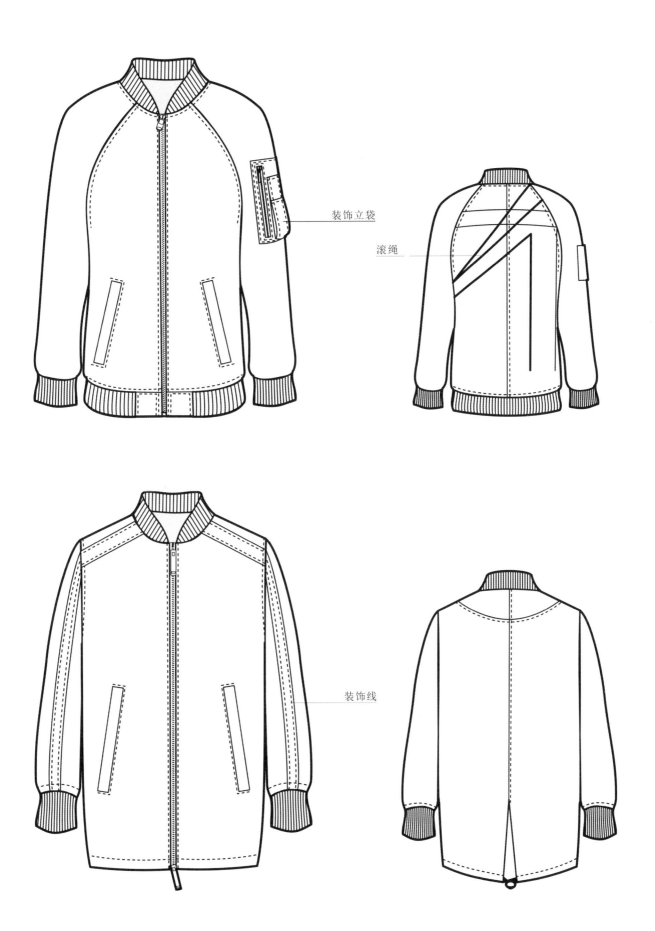

装饰立袋

滚绳

装饰线

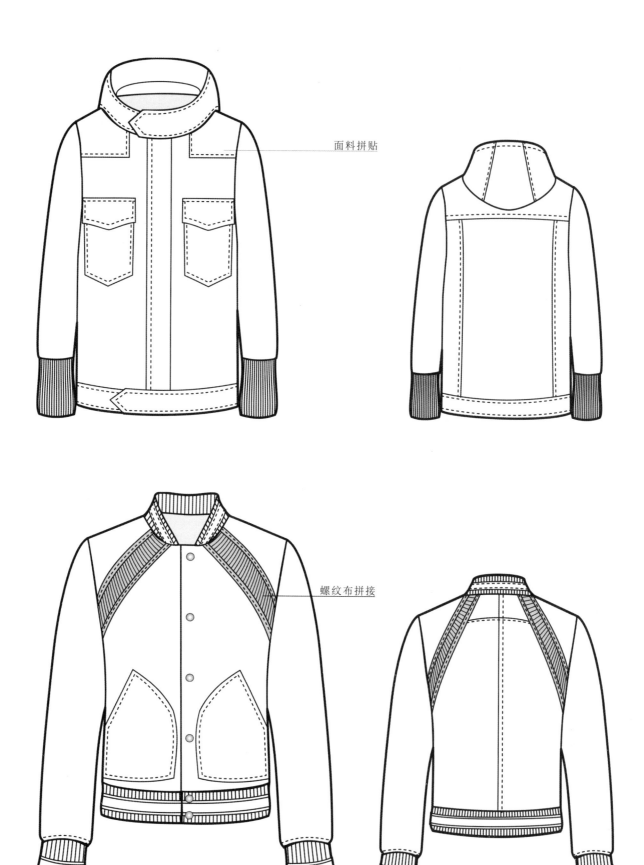

面料拼贴

螺纹布拼接

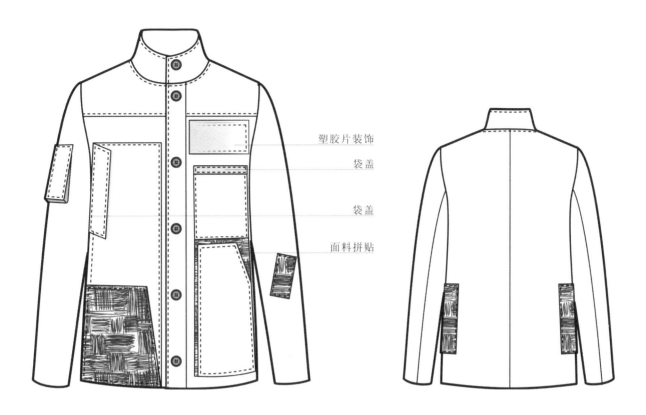

塑胶片装饰

袋盖

袋盖

面料拼贴

魔术贴

袖口拼接

条纹螺纹领

贴标

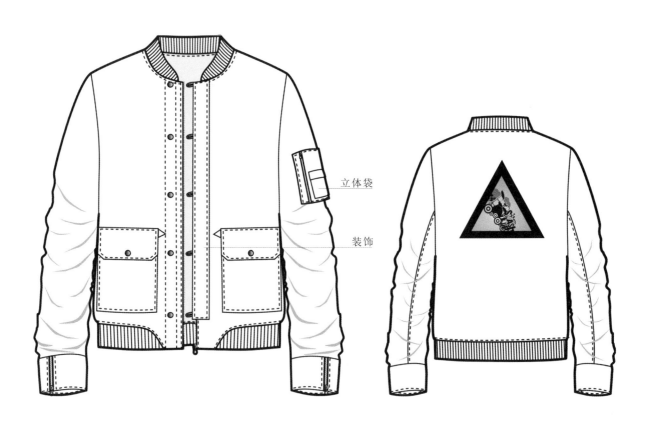

立体袋

装饰

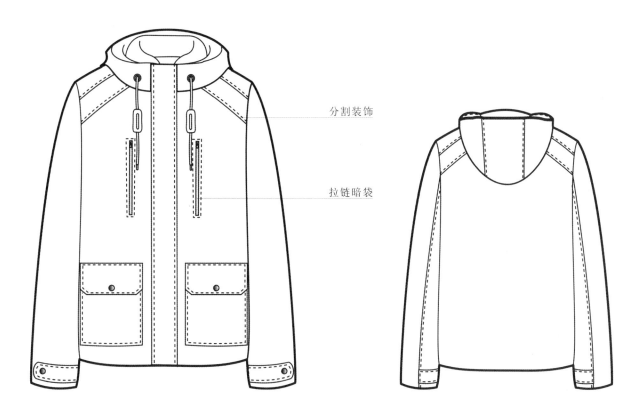

分割装饰

拉链暗袋

刺绣装饰

装饰扣

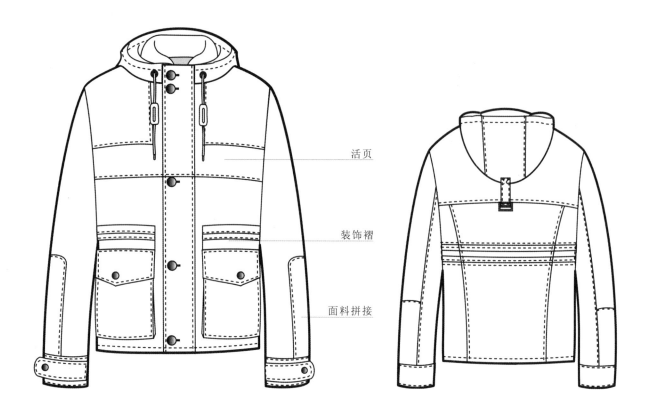

活页

装饰褶

面料拼接

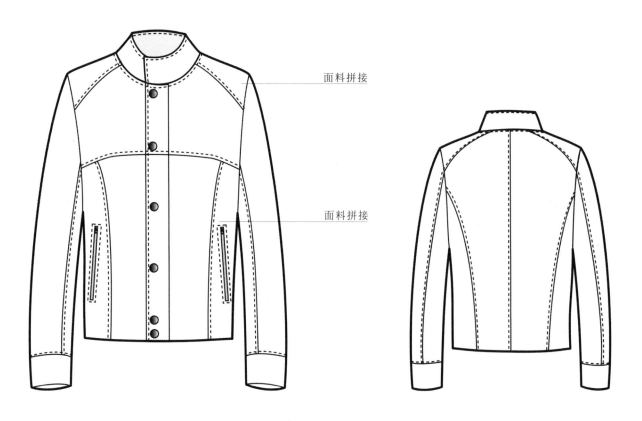

面料拼接

面料拼接

面料拼接

面料拼接

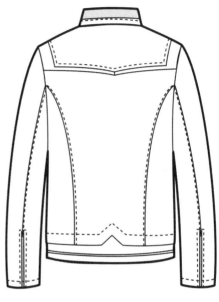

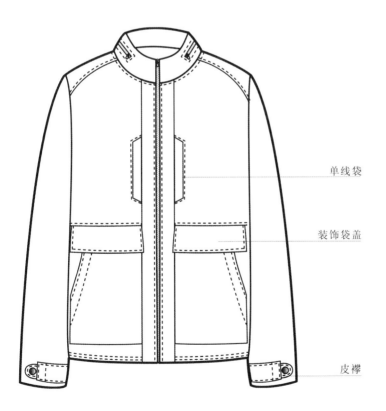

单线袋

装饰袋盖

皮襻

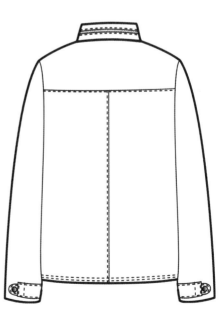

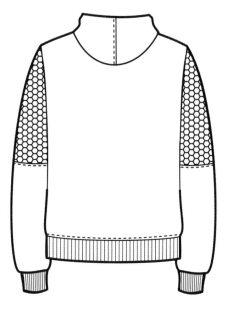

网纱拼贴

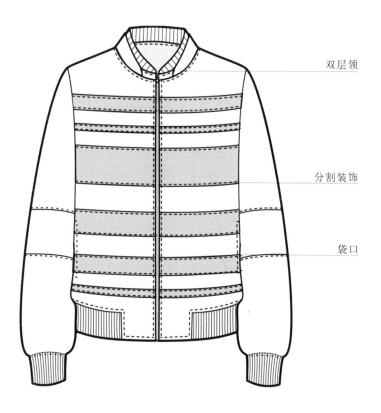
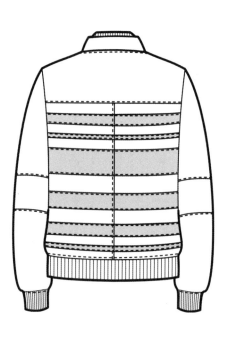

双层领

分割装饰

袋口

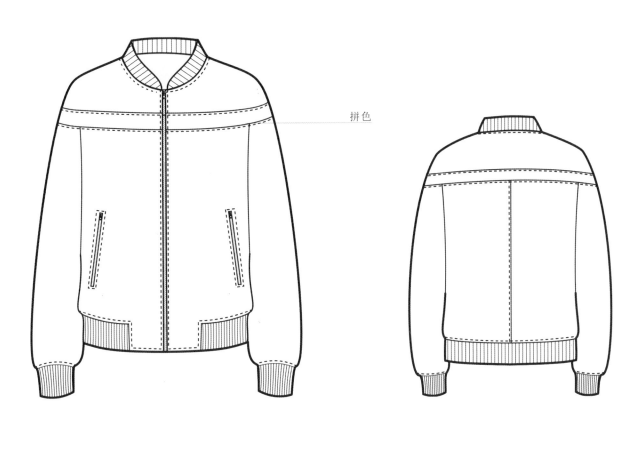

拼色

分割装饰

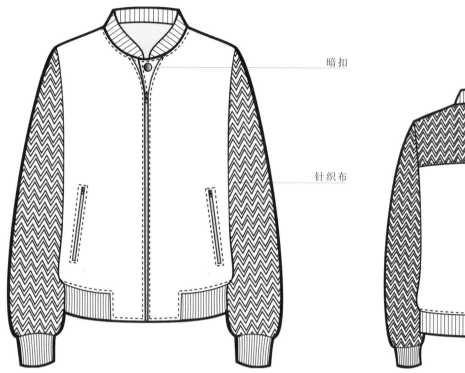
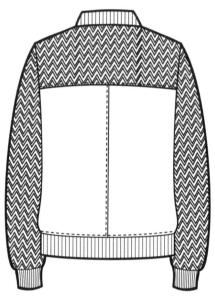

暗扣

针织布

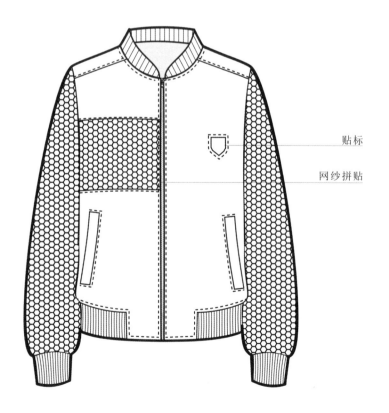
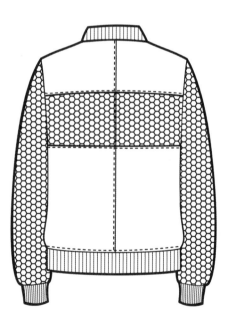

贴标

网纱拼贴

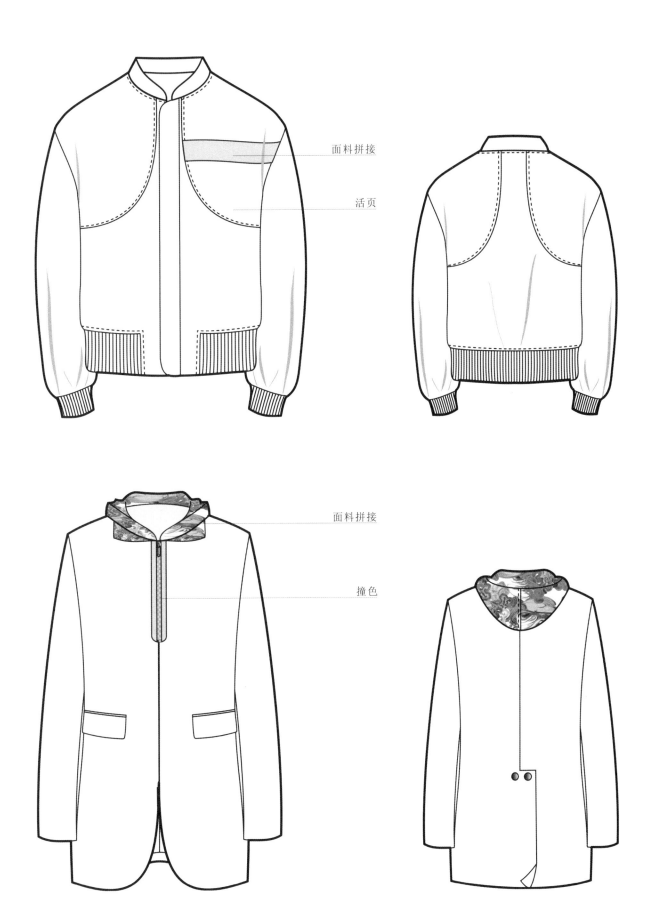

面料拼接

活页

面料拼接

撞色

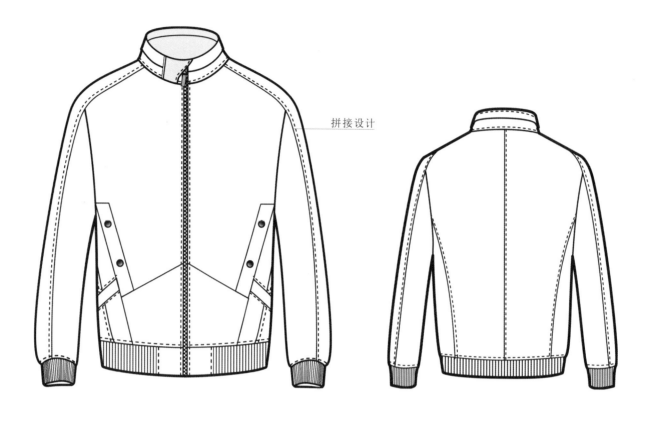

拼接设计

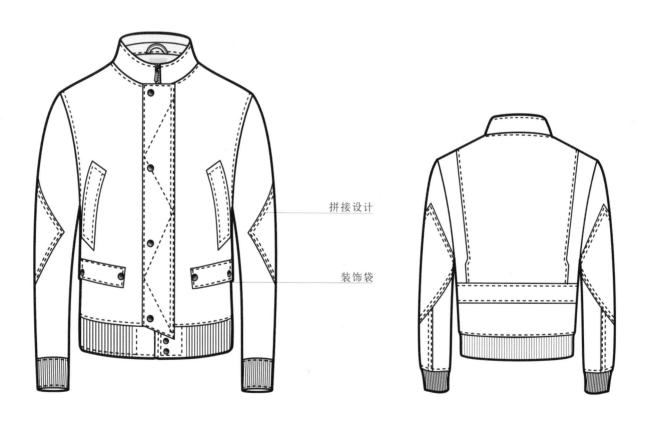

拼接设计

装饰袋

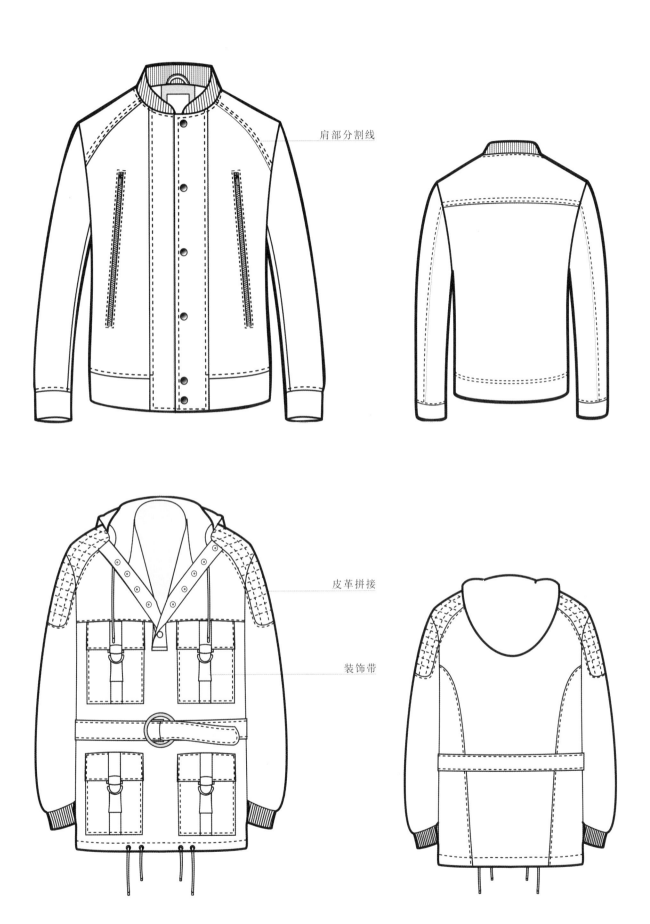

肩部分割线

皮革拼接

装饰带

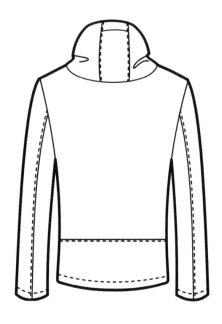

拼接设计

活动襻耳

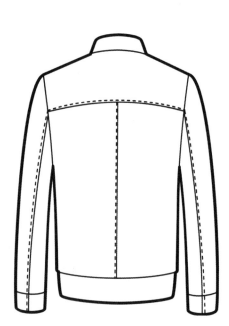

层叠设计

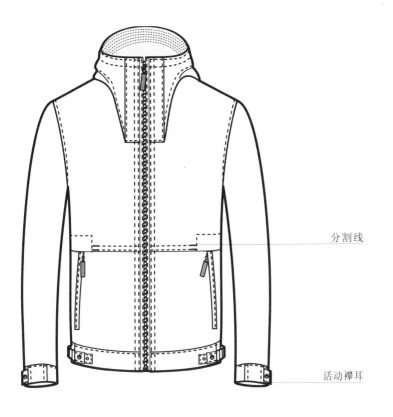
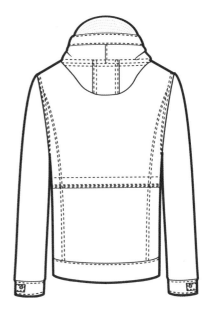

分割线

活动襻耳

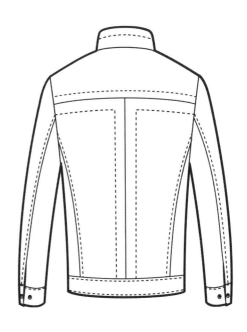

肩部分割线

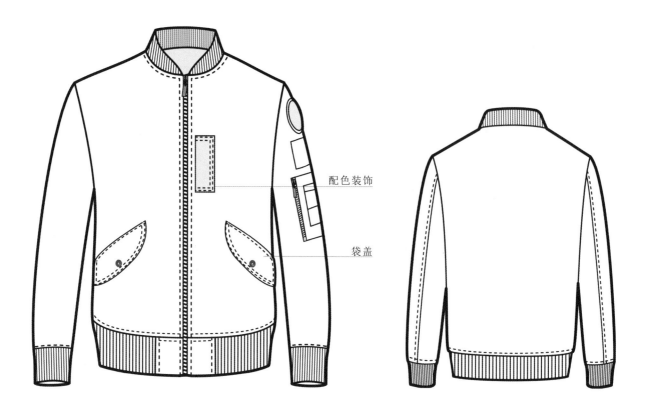

配色装饰

袋盖

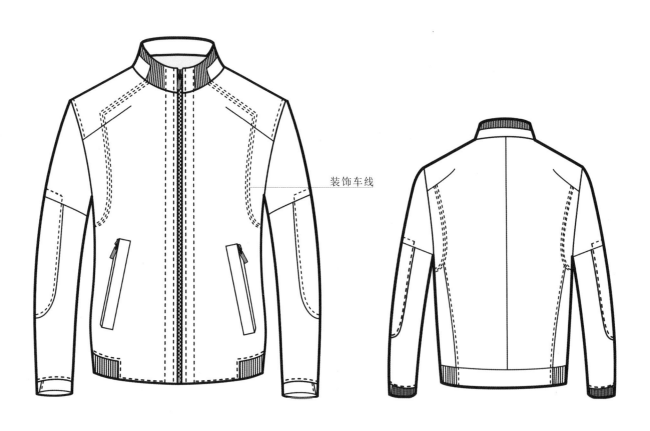

装饰车线

斜门襟

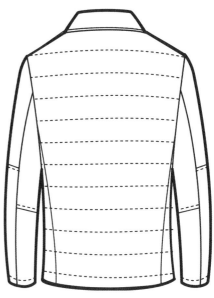

防风帽

层叠设计

双线
拉链袋

松紧橡筋

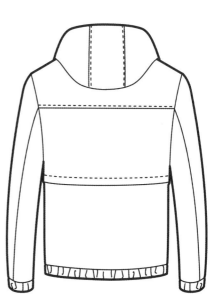

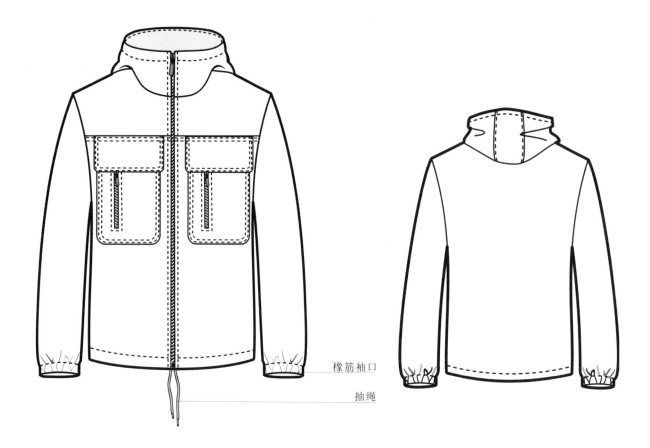

橡筋袖口

抽绳

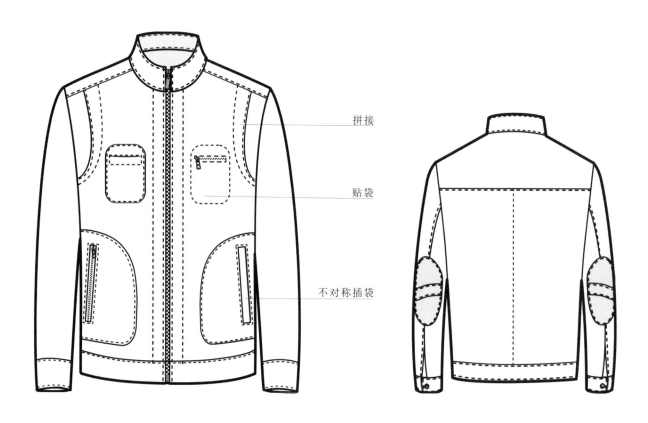

拼接

贴袋

不对称插袋

罗纹领

斜插袋

防风帽设计

贴袋

活动襻耳

装饰带

时尚拼接

袖口橡筋

插袋

拼接

贴袋

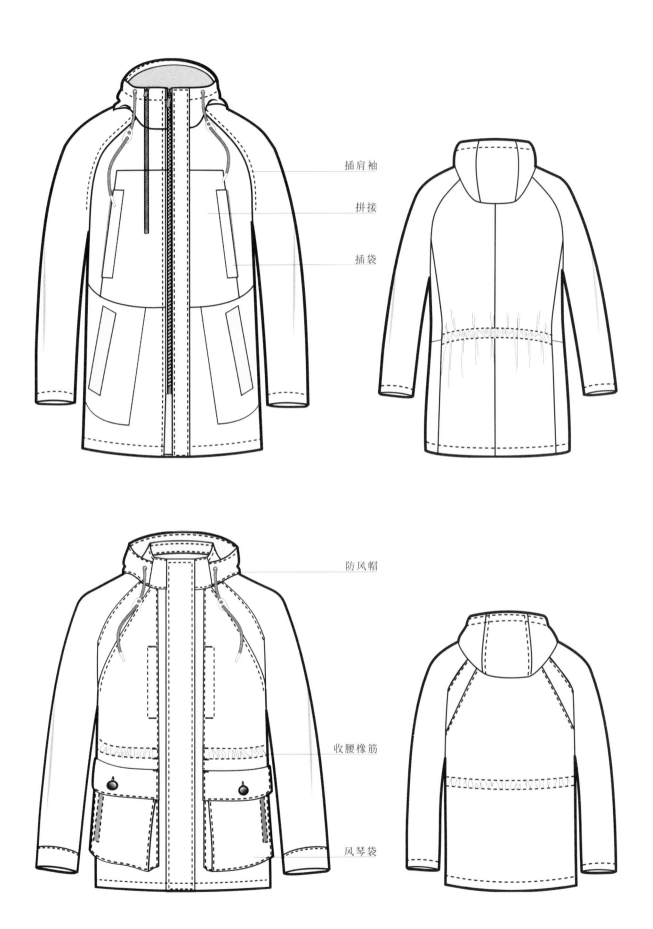

插肩袖

拼接

插袋

防风帽

收腰橡筋

风琴袋

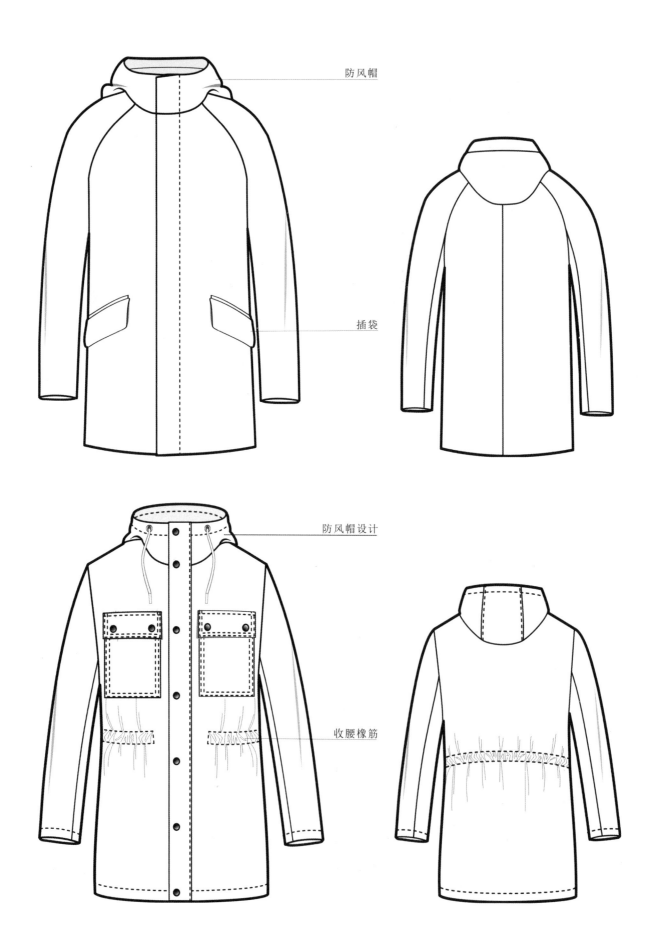

防风帽

插袋

防风帽设计

收腰橡筋

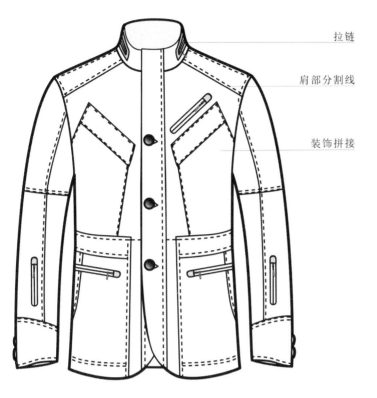
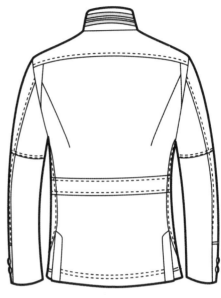

拉链

肩部分割线

装饰拼接

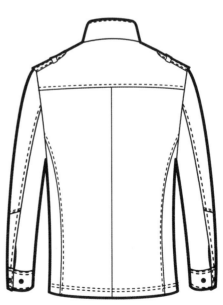

嵌入式口袋

装饰袋

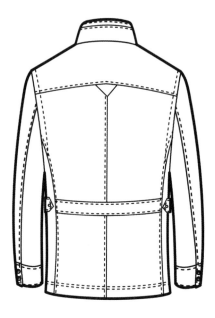

装饰口袋

可调节式腰带

斜插袋

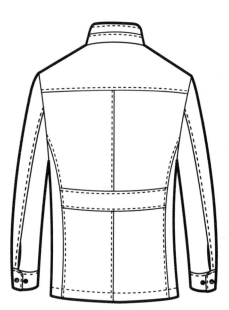

肩部分割线

装饰袋盖

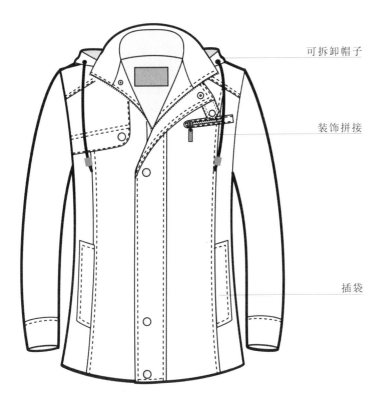
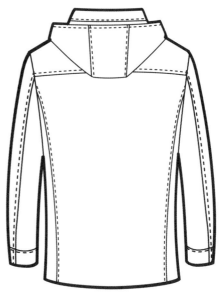

可拆卸帽子

装饰拼接

插袋

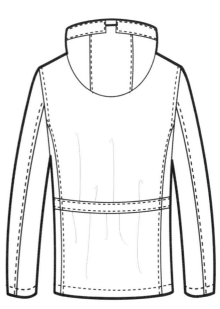

抽绳防风帽

可调节腰带

可调节袖口

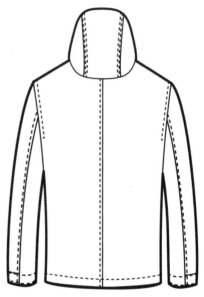

抽绳式防风帽

拉链双线袋

可调节袖口

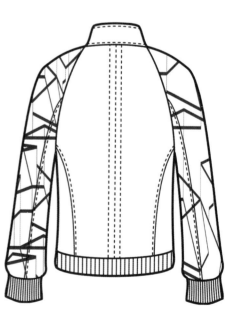

撞料

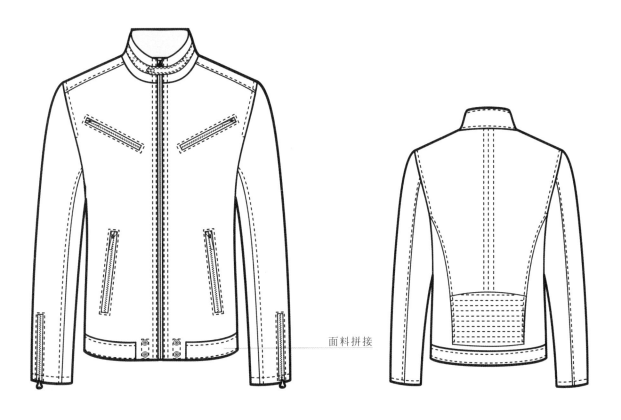

面料拼接

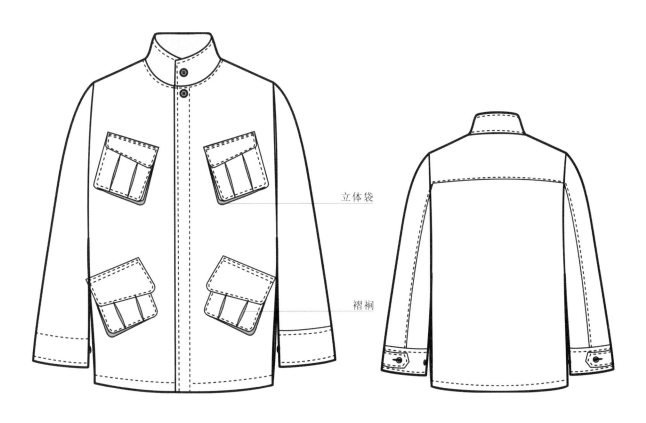

立体袋

褶裥

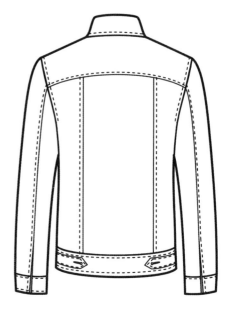

分割装饰

扣带立领

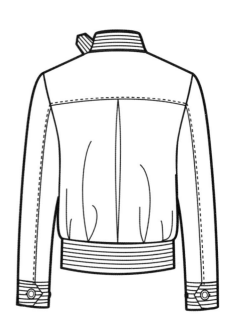

收褶

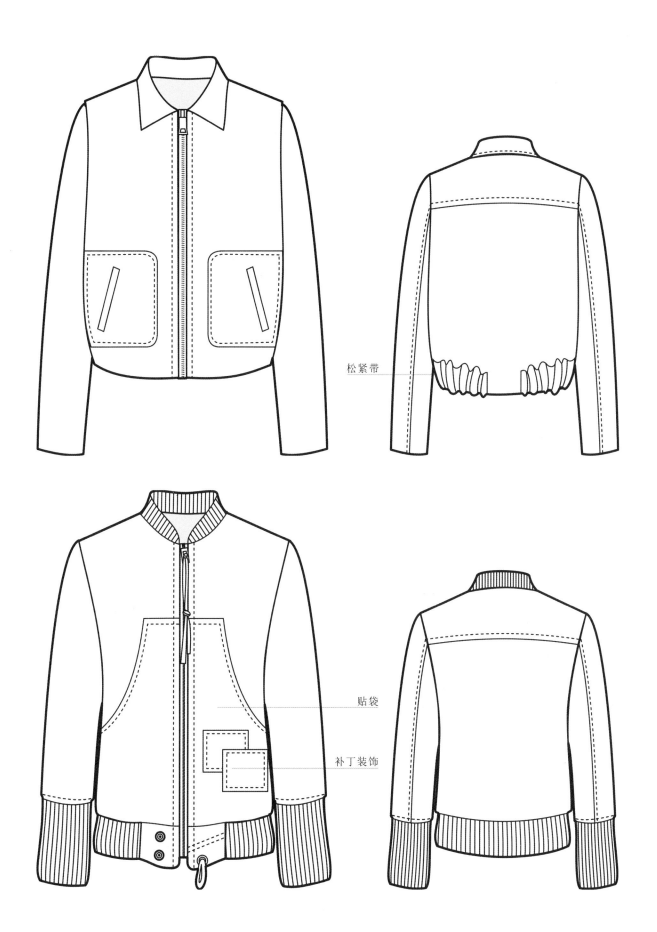

松紧带

贴袋

补丁装饰

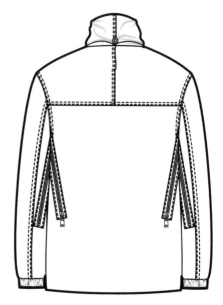

两用领

印花

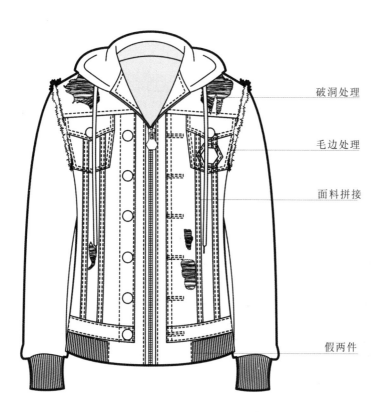
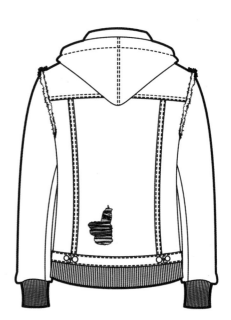

破洞处理

毛边处理

面料拼接

假两件

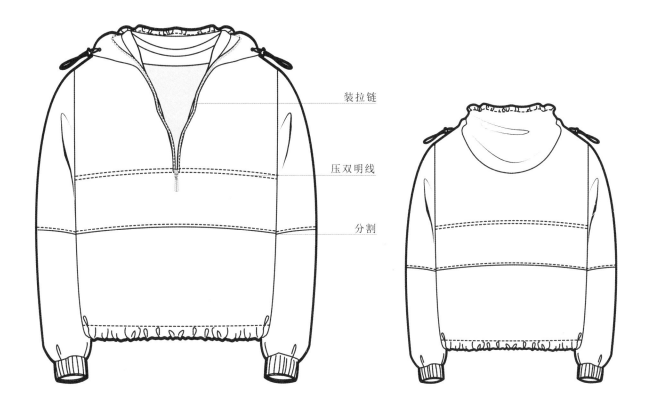

装拉链

压双明线

分割

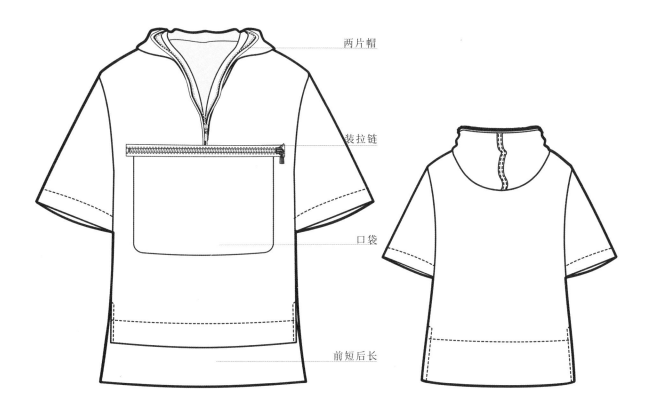

两片帽

装拉链

口袋

前短后长

贴袋

落肩袖

收省

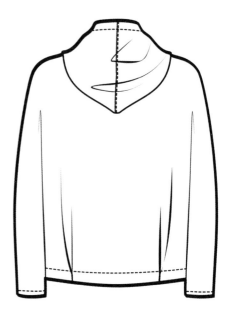

双头拉链

装饰线

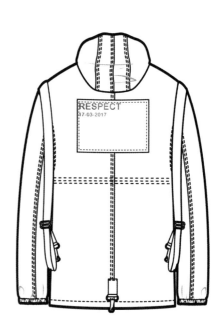

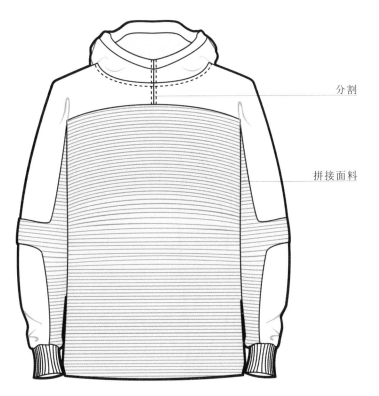
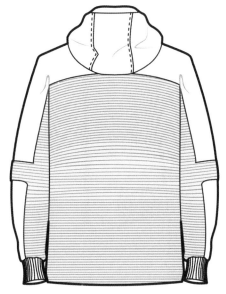

分割

拼接面料

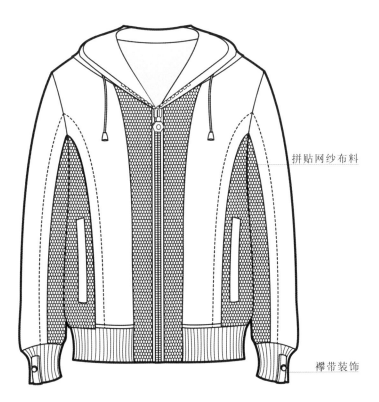
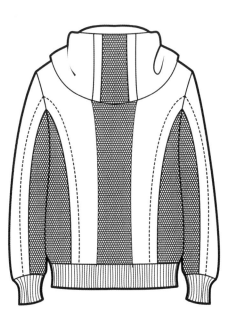

拼贴网纱布料

襻带装饰

双层领

分割线

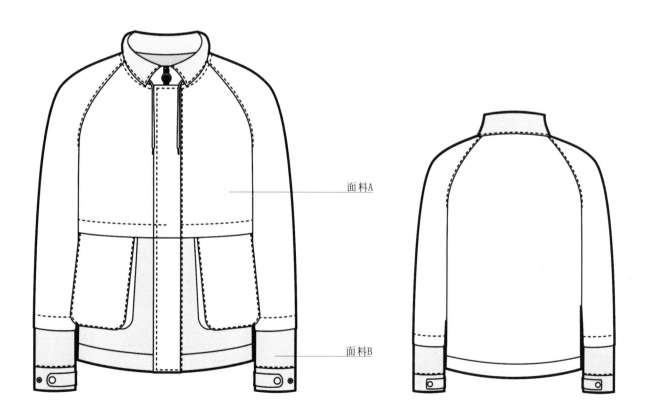

面料A

面料B

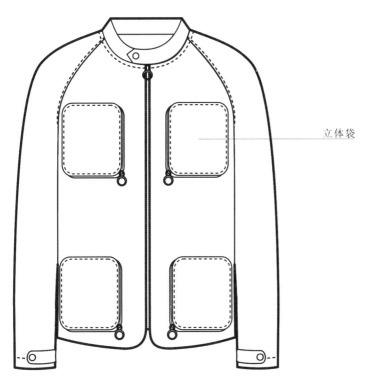

立体袋

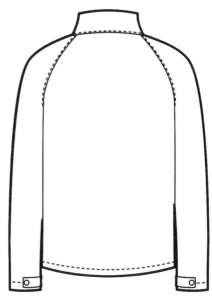

假两件

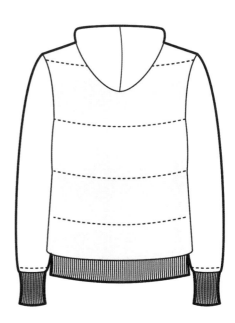

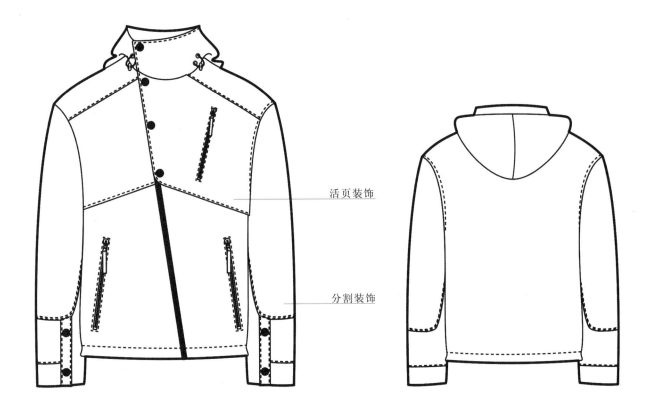

活页装饰

分割装饰

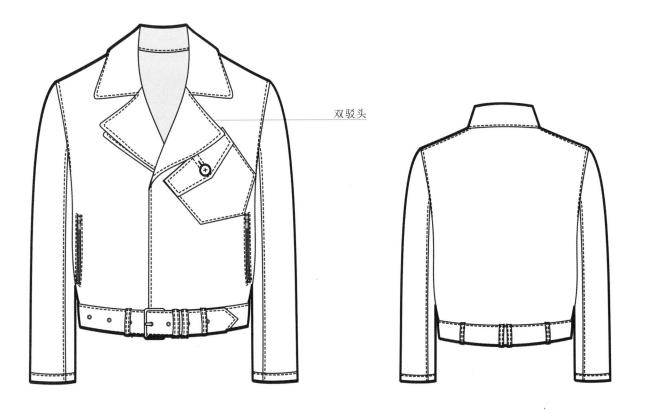

双驳头

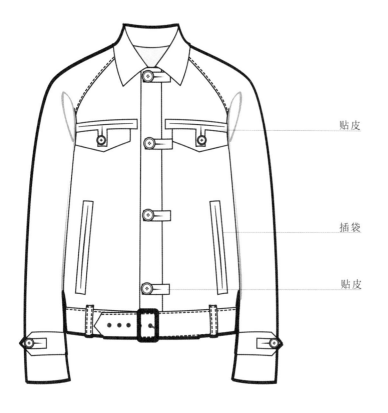

贴皮

插袋

贴皮

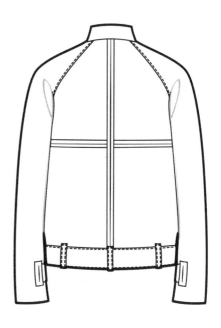

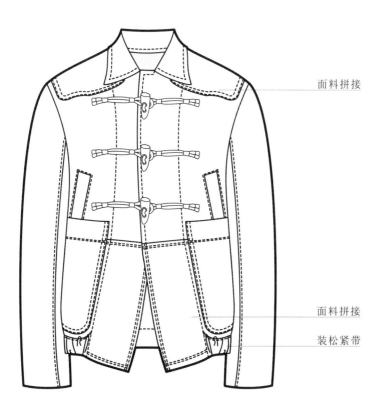

面料拼接

面料拼接

装松紧带

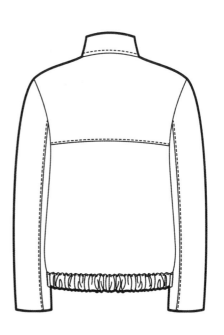

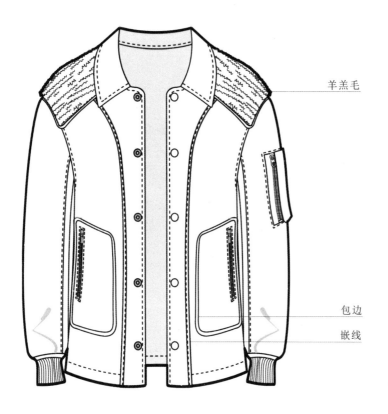
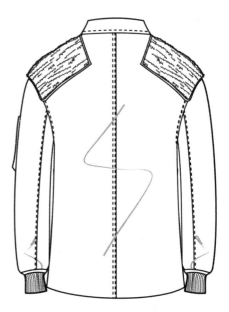

羊羔毛

包边

嵌线

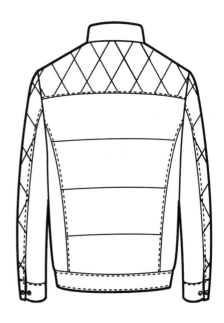

面料拼接

可拆卸帽子

抽绳防风帽

装饰袋盖

拉链风琴袋

魔术贴袖口

装饰袋盖

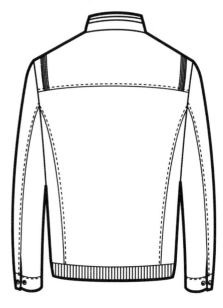

分割线设计

撞钉固定

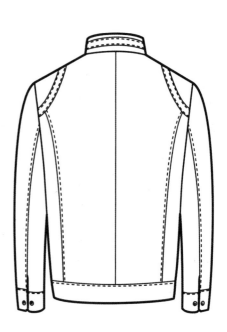

时尚拼接

肩部分割线

原身布
抽橡筋

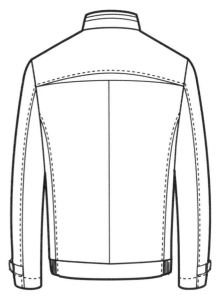

肩部分割线

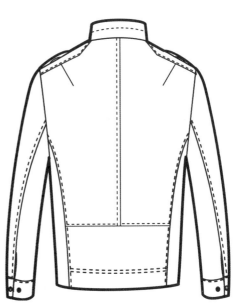

罗纹领拼接

面料拼接

罗纹领拼接

分割线设计

分割线设计

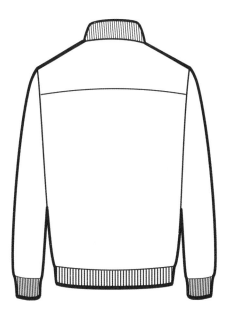

口袋设计

肩部分割线

肩部分割线

肩部装饰设计

折袋

袋盖

衣边带

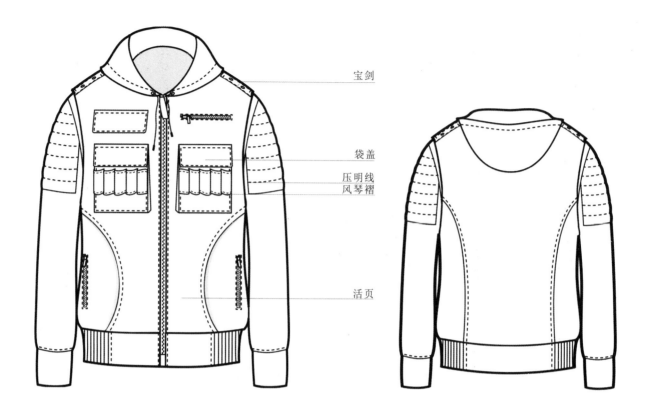

宝剑

袋盖

压明线
风琴褶

活页

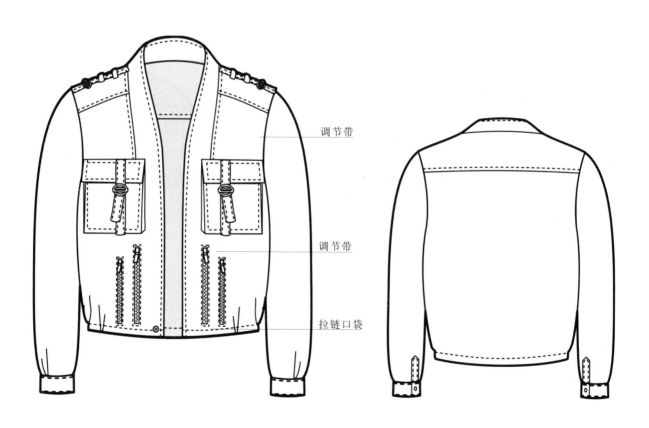

调节带

调节带

拉链口袋

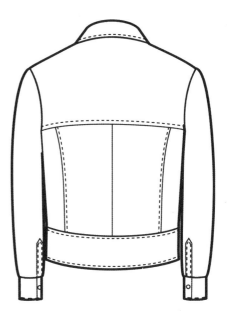

工字褶口袋

衣边调节带

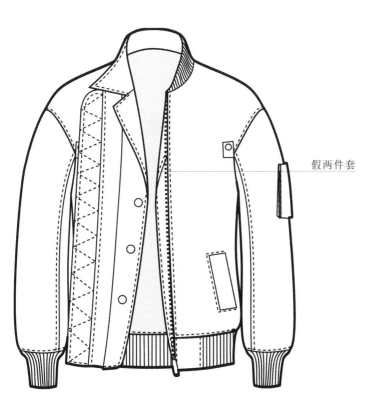

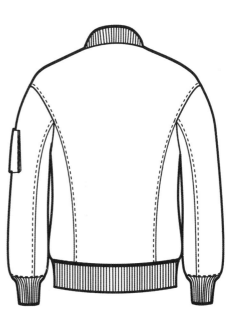

假两件套

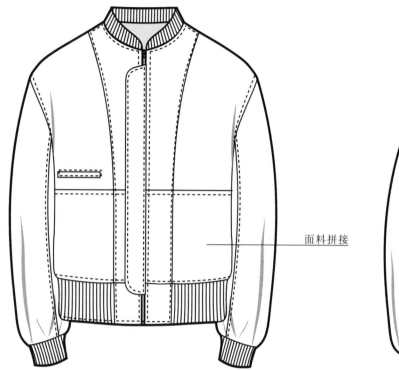
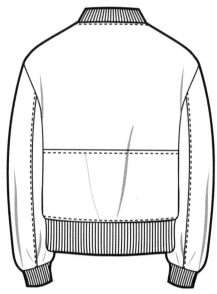

面料拼接

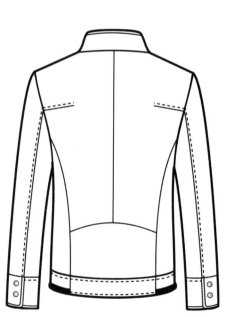

活页

包边

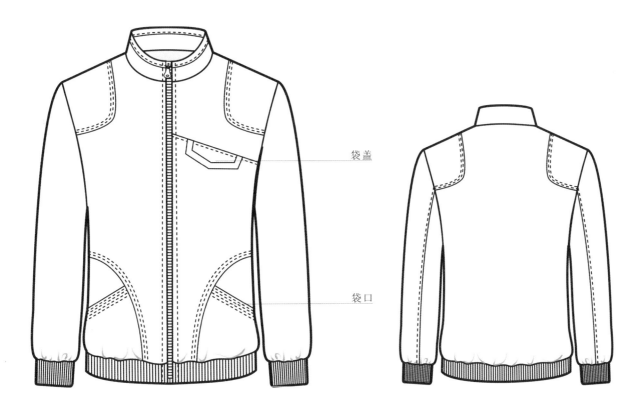

袋盖

袋口

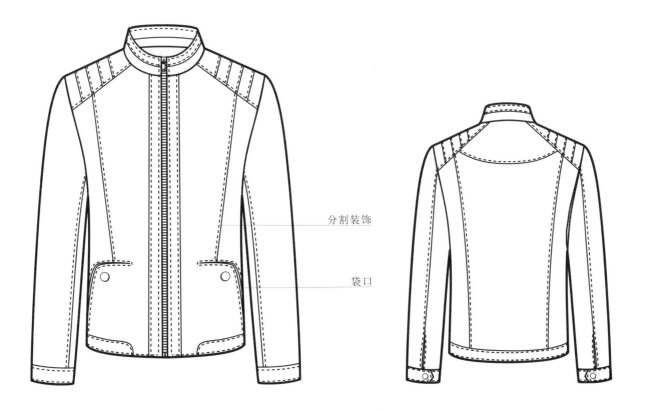

分割装饰

袋口

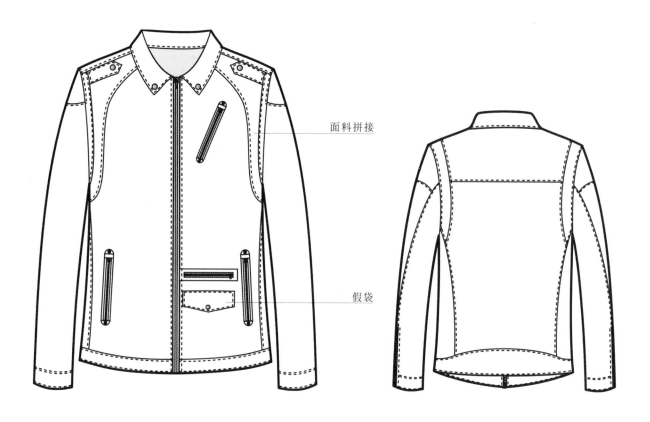

面料拼接

假袋

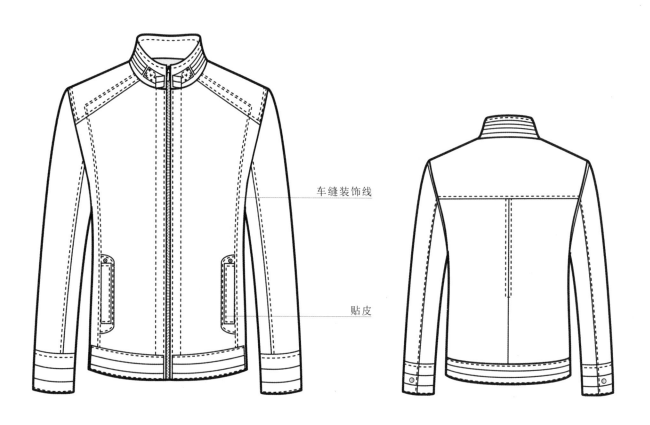

车缝装饰线

贴皮

拼贴图案

撞色拼贴

不规则滚绳

分割

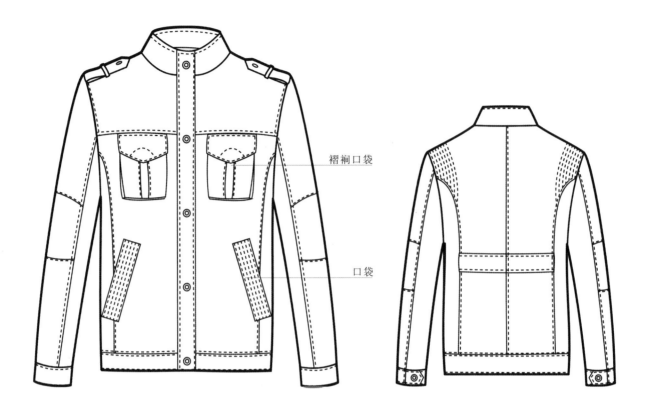

褶裥口袋

口袋

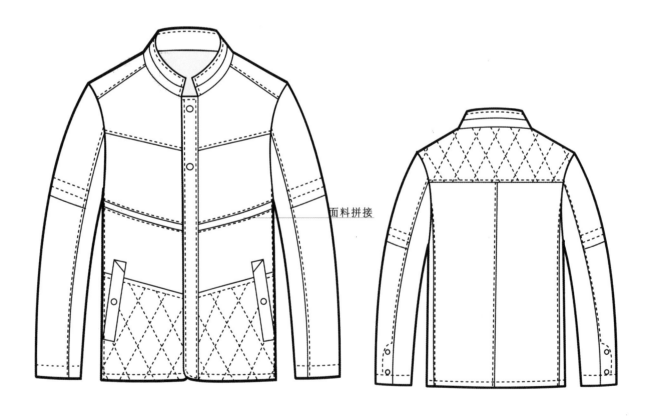

面料拼接

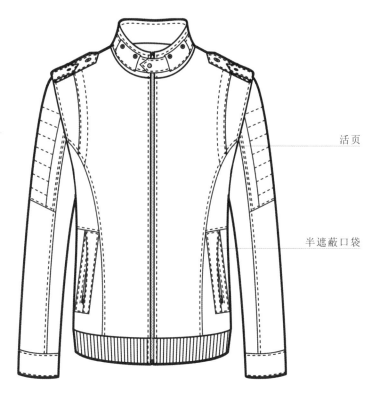

活页

半遮蔽口袋

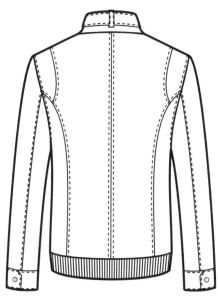

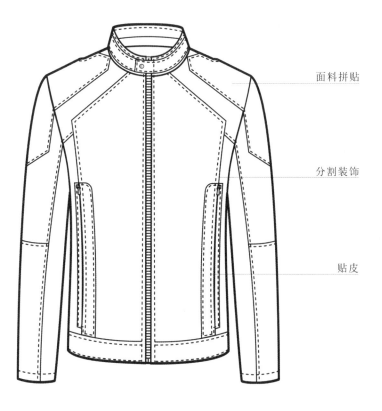

面料拼贴

分割装饰

贴皮

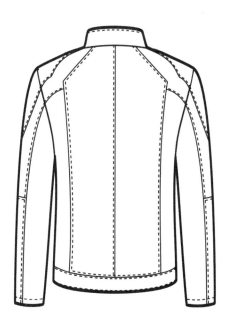

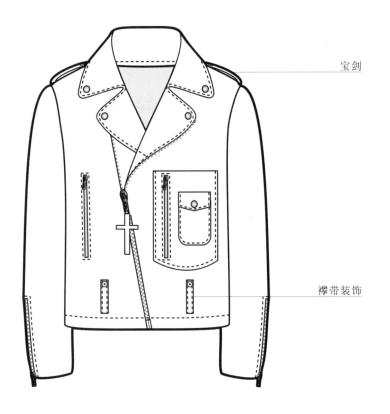

宝剑

襻带装饰

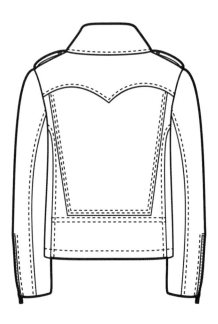

宝剑

分割装饰

拉链口袋

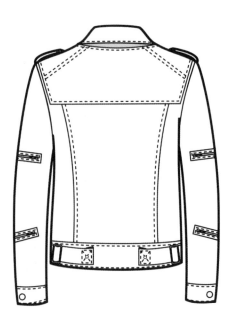

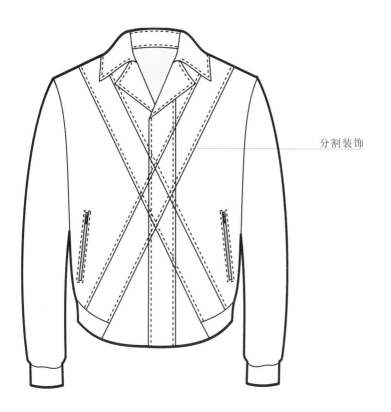

分割装饰

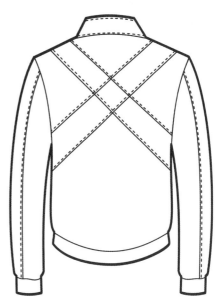

装饰车缝线

分割装饰

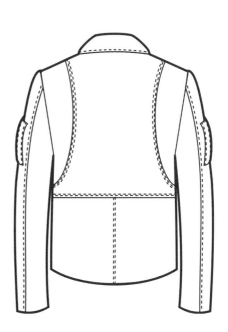

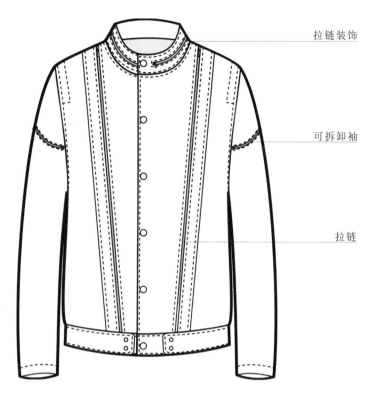
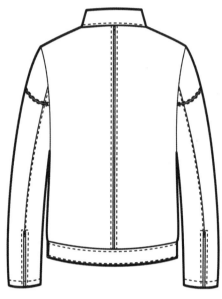

拉链装饰

可拆卸袖

拉链

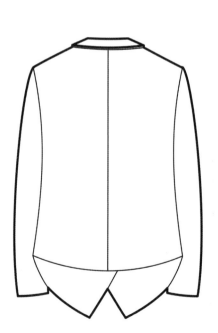

拉链装饰

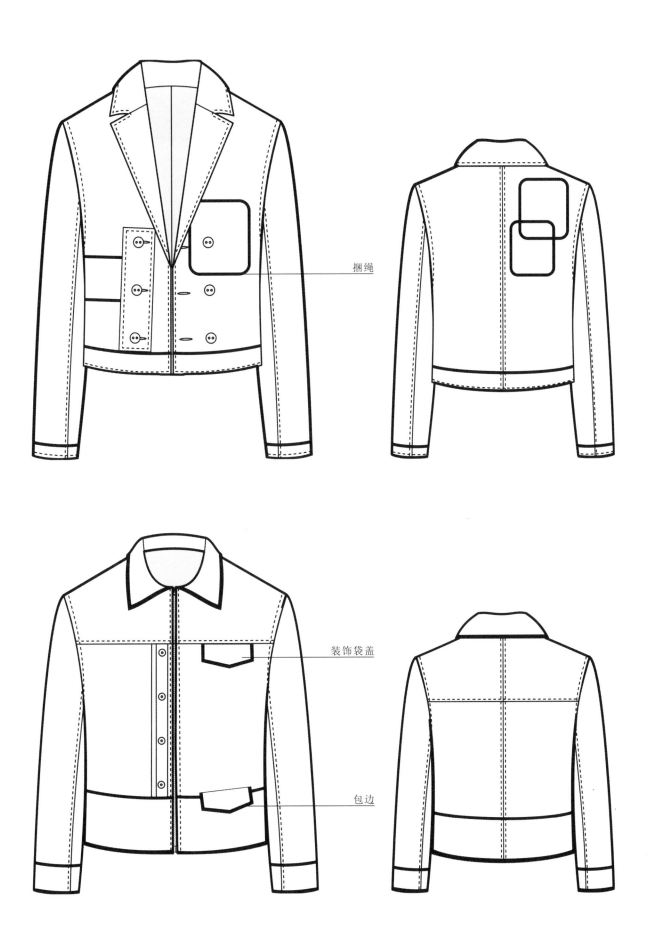

捆绳

装饰袋盖

包边

棉袯篇

1. 商务款棉袄

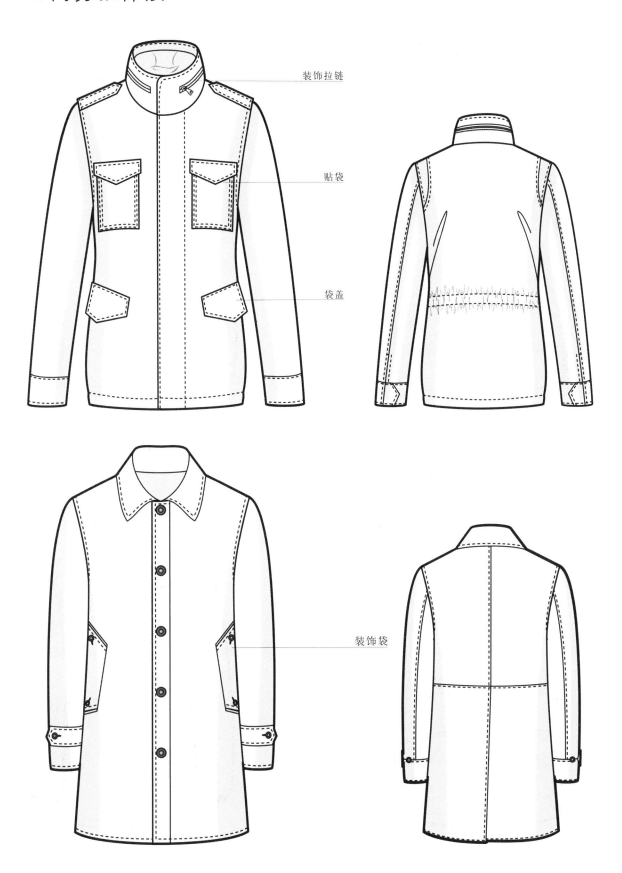

装饰拉链

贴袋

袋盖

装饰袋

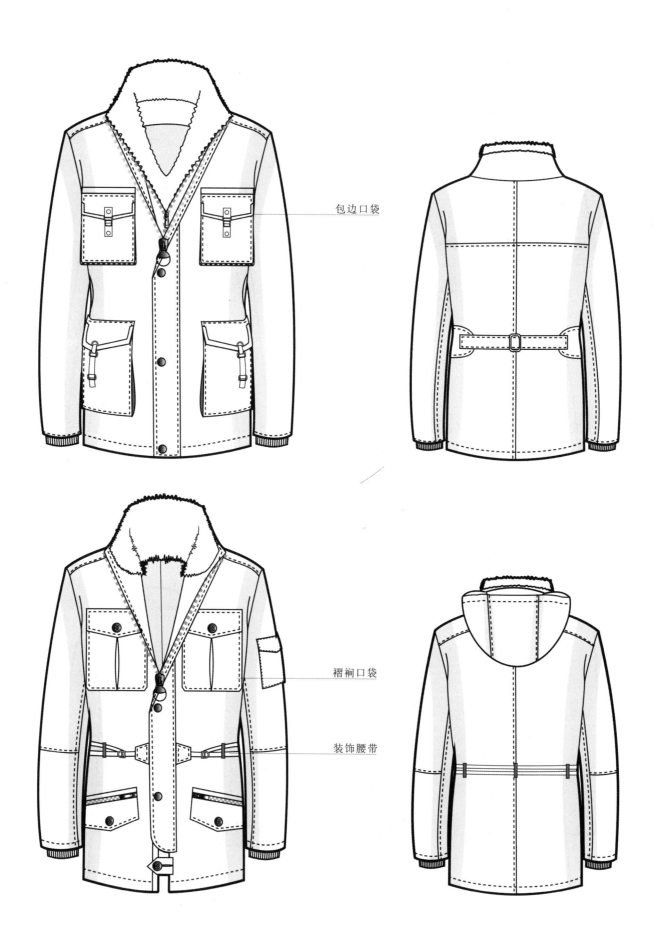

包边口袋

褶裥口袋

装饰腰带

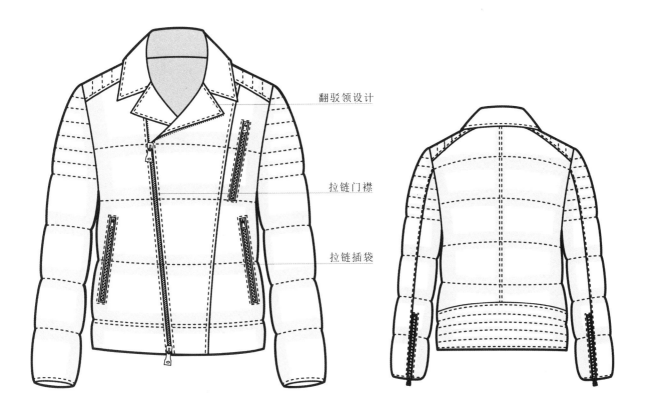

翻驳领设计

拉链门襟

拉链插袋

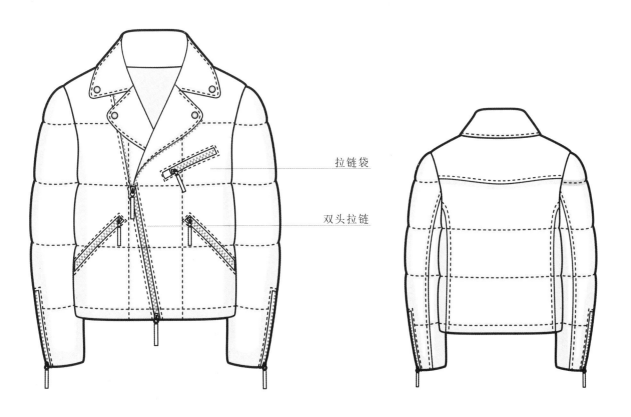

拉链袋

双头拉链

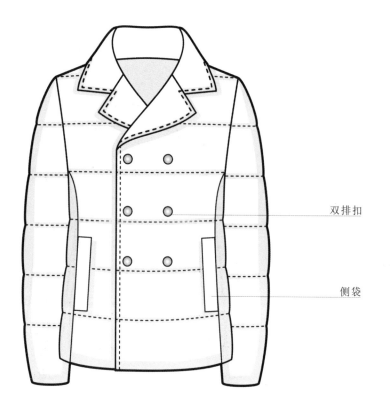
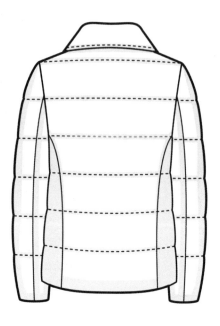

双排扣

侧袋

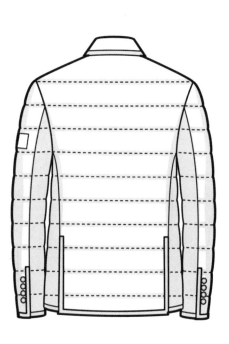

包边

袋盖

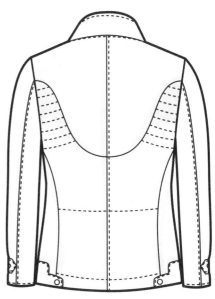

分割设计

袖口松紧条

铆钉皮带

绗缝线

分割设计

贴皮

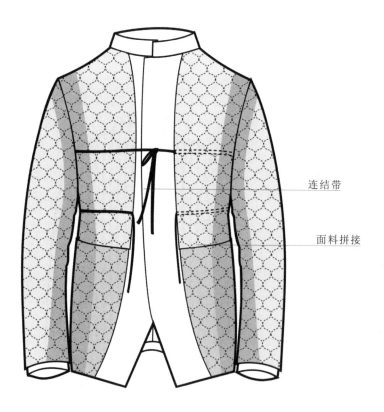

连结带

面料拼接

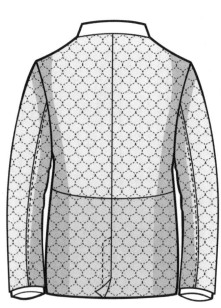

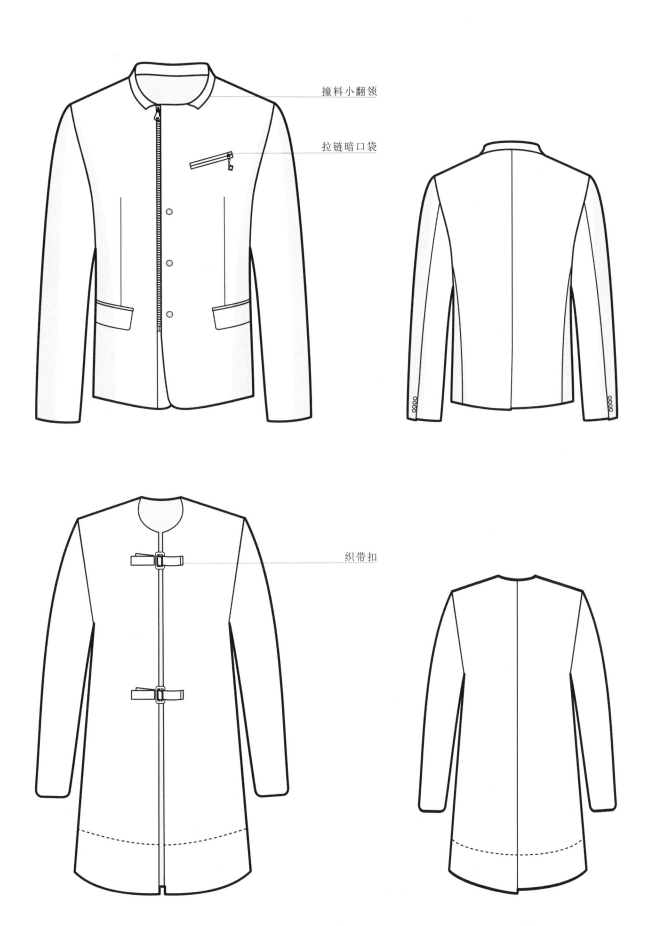

撞料小翻领

拉链暗口袋

织带扣

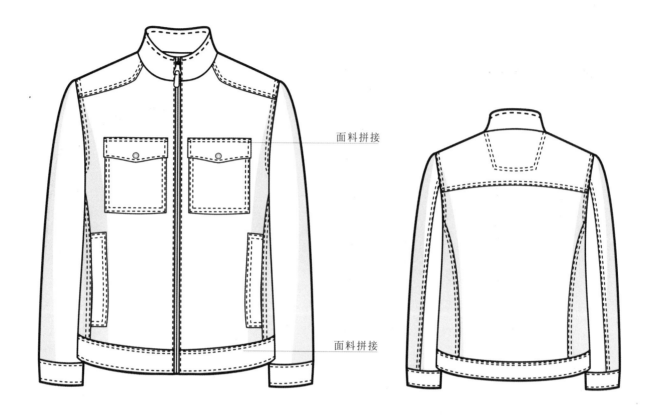

面料拼接

面料拼接

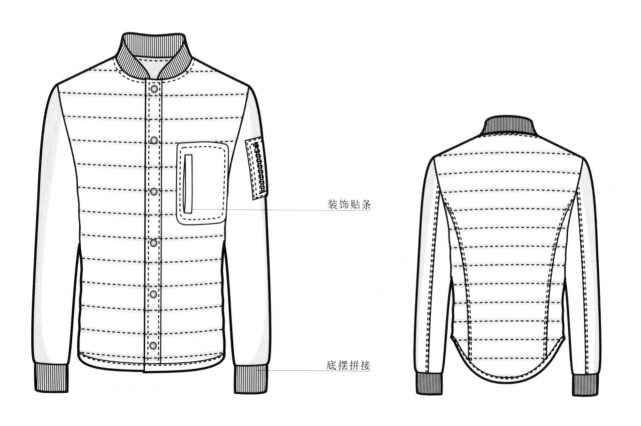

装饰贴条

底摆拼接

下摆卷边

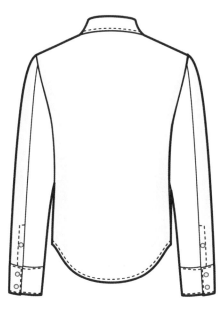

印章图案

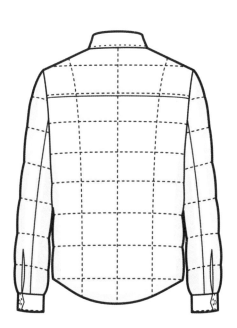

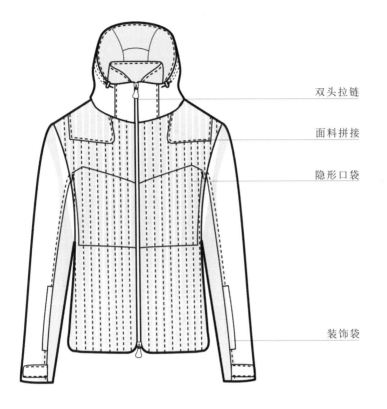
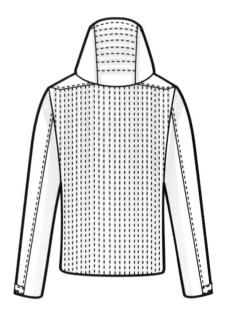

双头拉链

面料拼接

隐形口袋

装饰袋

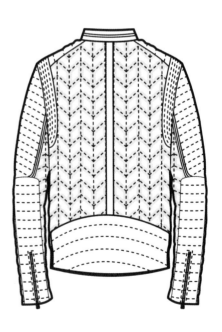

面料拼接

面料拼接

压装饰带

撞色装饰线口袋

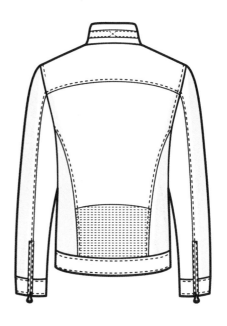

撞料翻盖口袋

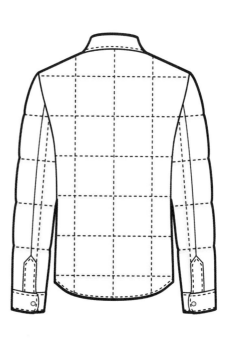

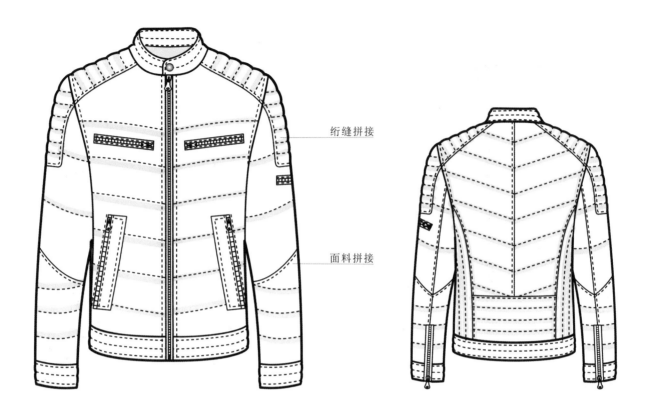

绗缝拼接

面料拼接

拼接

双头拉链

拼接拉链袋

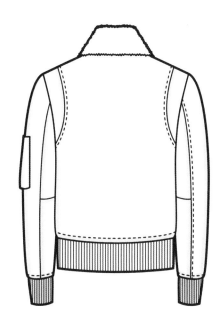

双头拉链

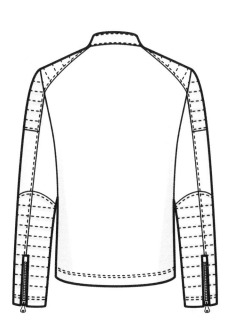

面料拼接
拉链装饰扣

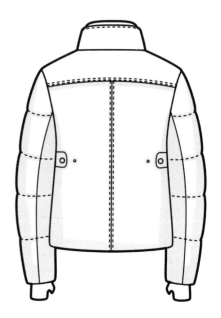

内立领拼接面料

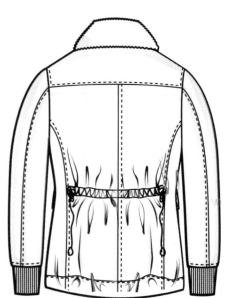

人造毛绒

外工字折

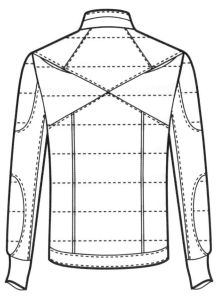

分割设计

面料拼接

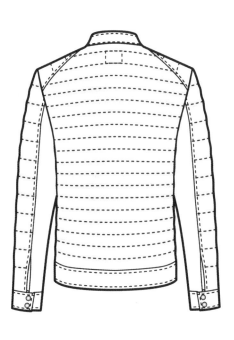

衣身多样绗线

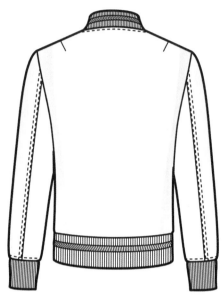

装饰标
魔术贴

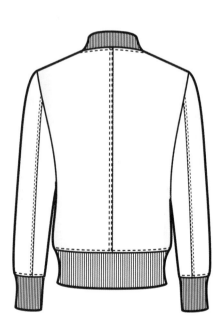

双门襟
袖子PU拼接
分割设计

拉链可收纳连帽

包边

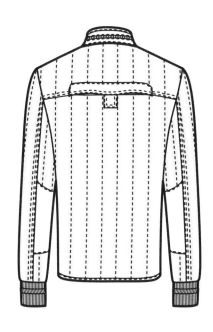

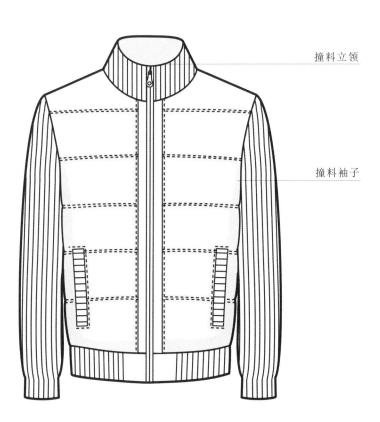

撞料立领

撞料袖子

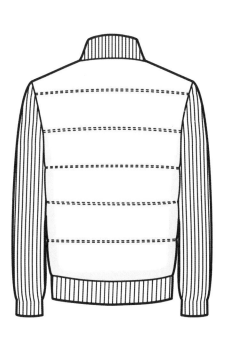

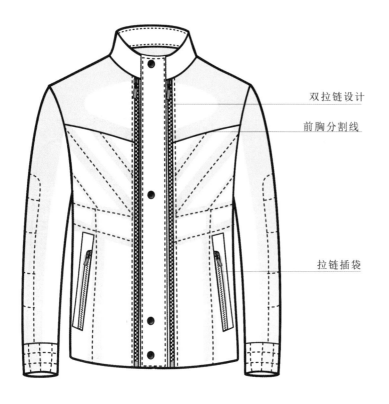
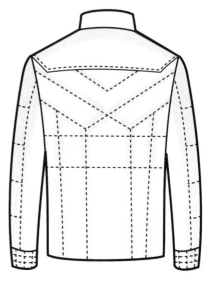

双拉链设计

前胸分割线

拉链插袋

领部配色设计

肩部分割线

拉链设计

拼接设计

配色像筋

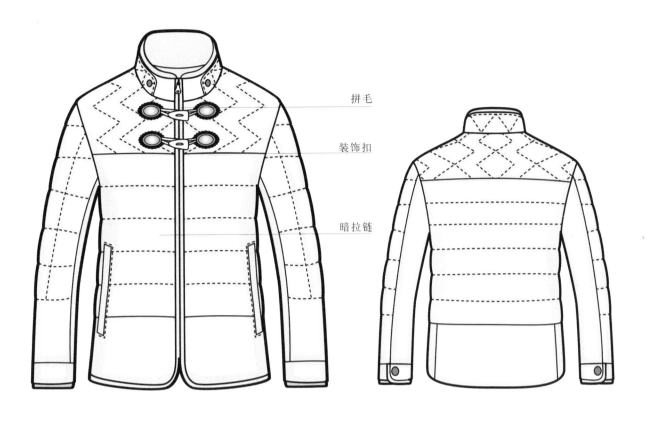

拼毛

装饰扣

暗拉链

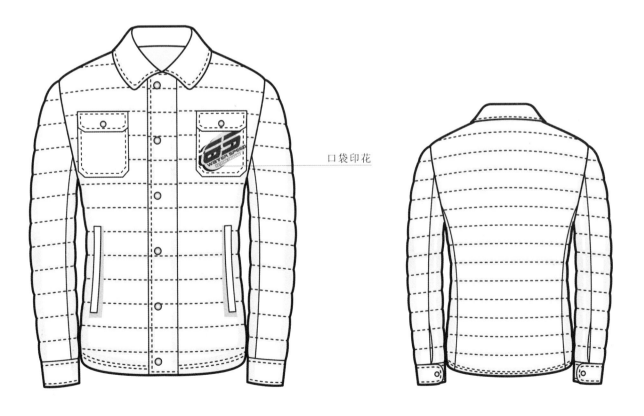

口袋印花

可拆卸
毛领帽子

拉链暗袋

合体袖分割

双头拉链

可拆卸
毛领帽子

拉链袋

拉链
插袋

双头
拉链

可拆卸
毛领帽子

绗缝装饰线

可拆卸袖子

拉链插袋

可拆卸帽子

面料拼接

拉链口袋

袖口包边

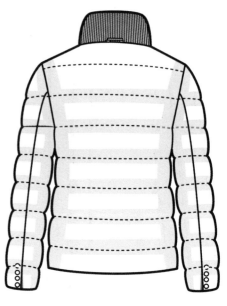

罗纹领拼接

装饰袋盖
拉链袋

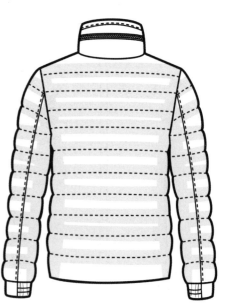

领口包边配色

装饰贴袋

拉链插袋

门襟拉链
按扣

魔术贴

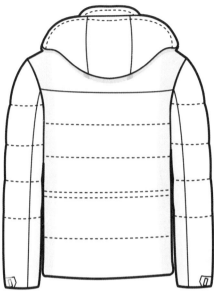

装饰拼布条

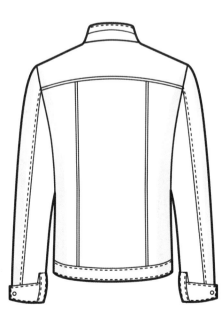

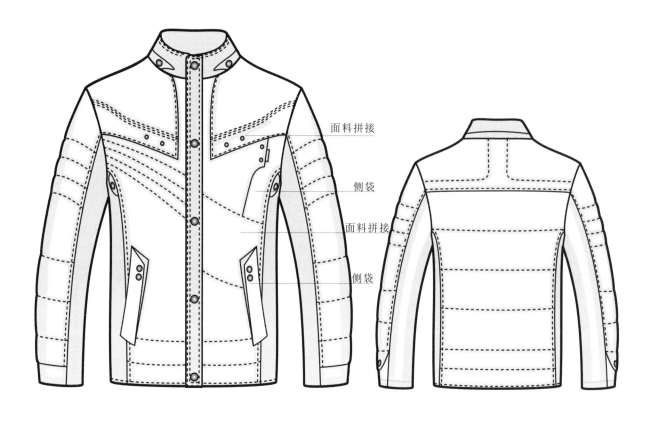

面料拼接

侧袋

面料拼接

侧袋

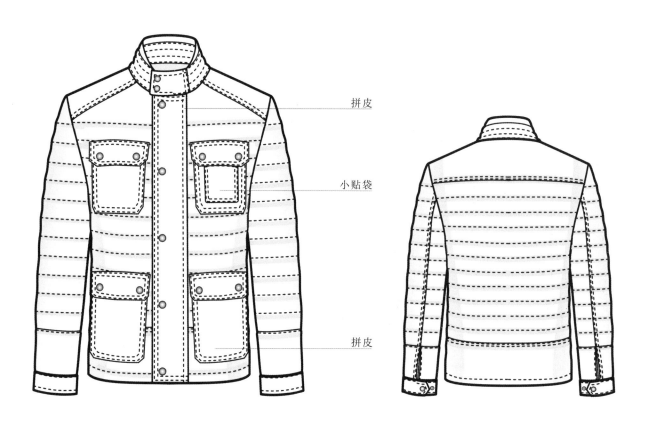

拼皮

小贴袋

拼皮

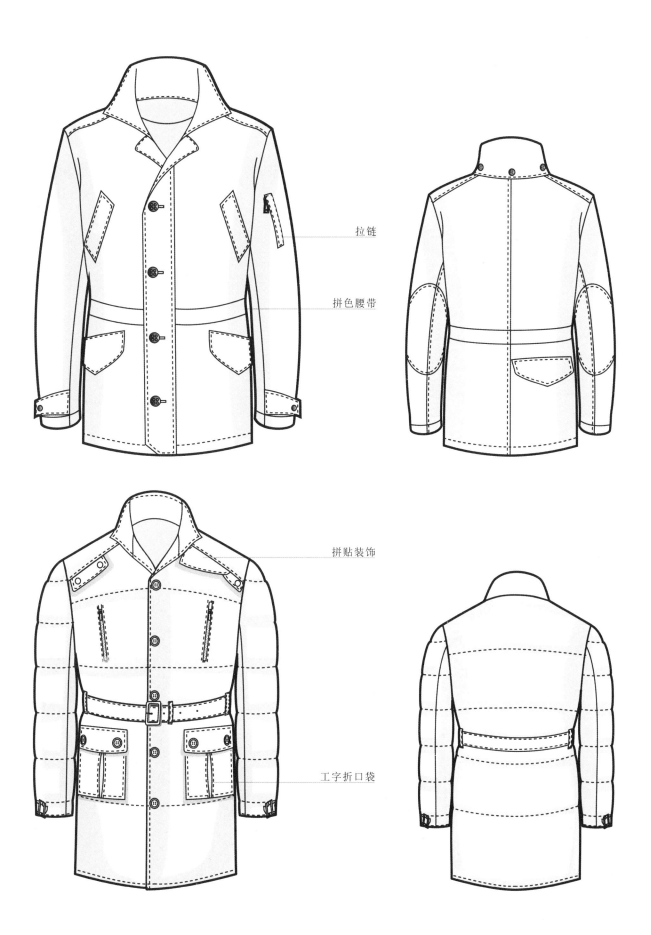

拉链

拼色腰带

拼贴装饰

工字折口袋

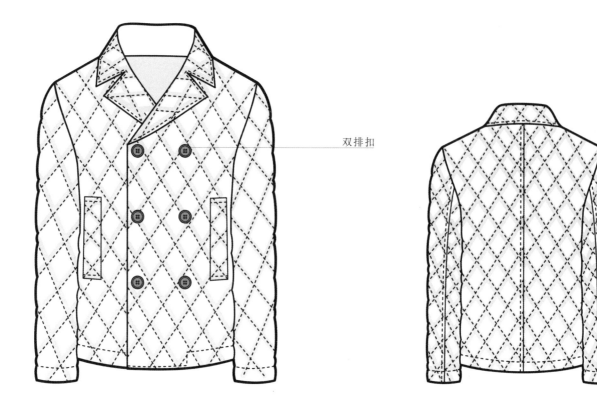

双排扣

装饰钉扣

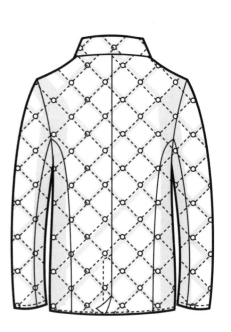

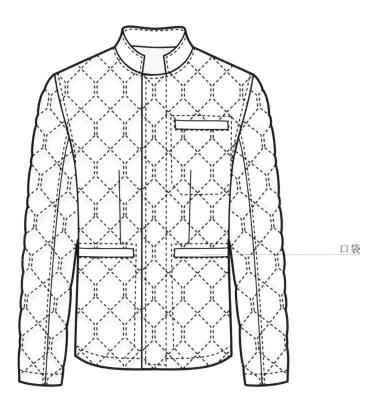

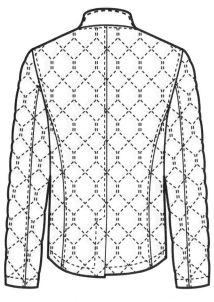

口袋

装饰立领

包边

包边

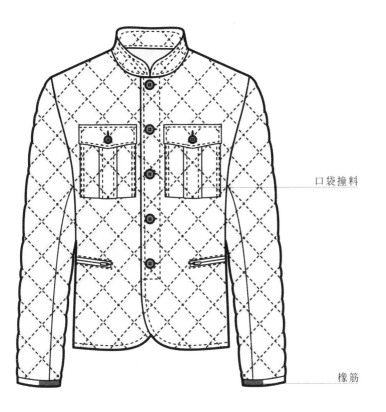

口袋撞料

橡筋

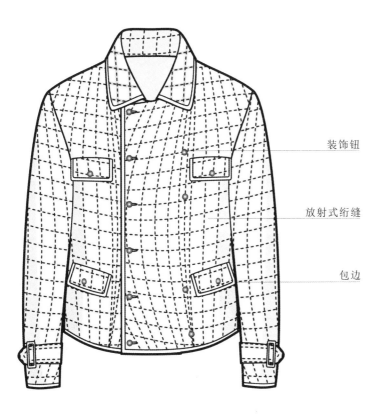
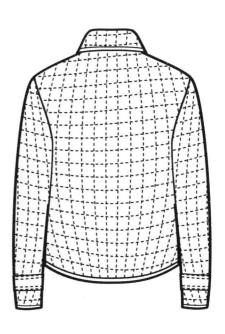

装饰钮

放射式绗缝

包边

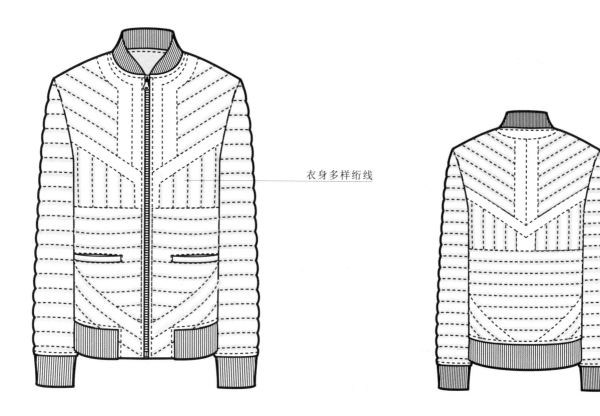

衣身多样绗线

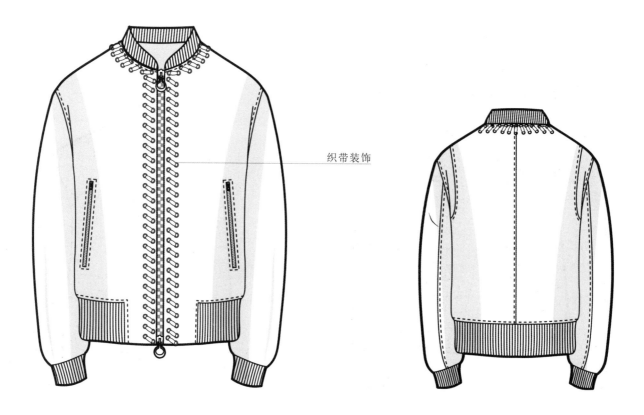

织带装饰

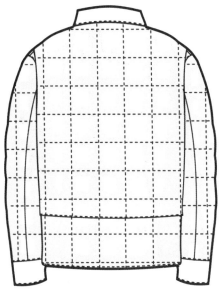

装饰布

假两件

魔术贴

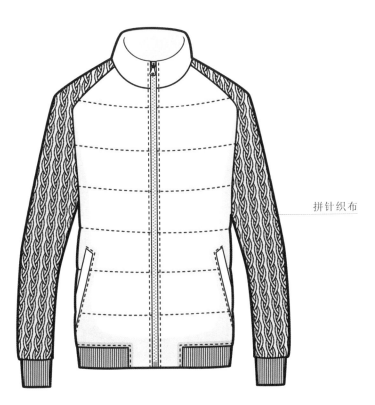
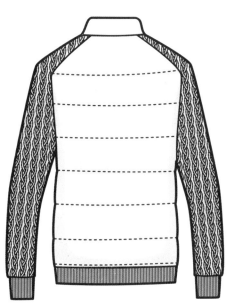

拼针织布

2. 时尚款棉褛

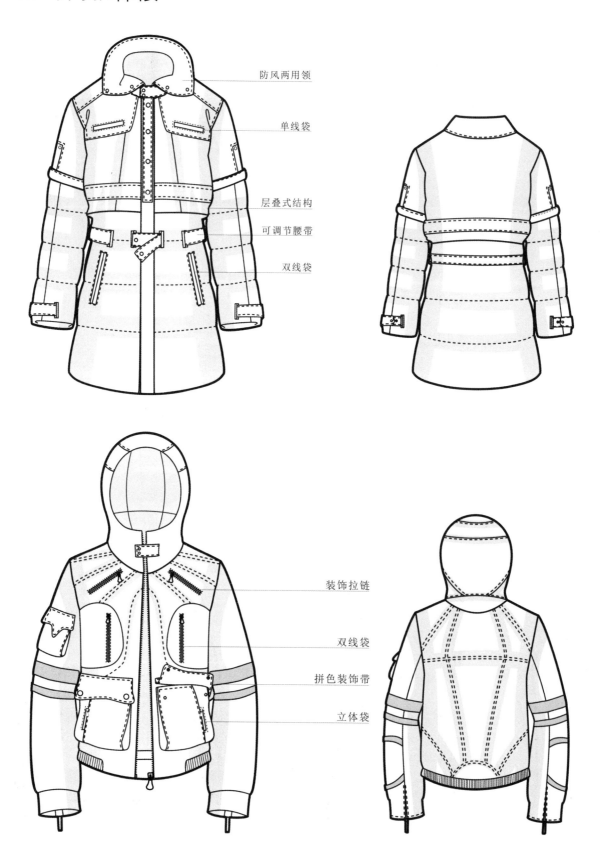

防风两用领

单线袋

层叠式结构

可调节腰带

双线袋

装饰拉链

双线袋

拼色装饰带

立体袋

毛领

口袋拼色

插袋

装饰条

橡筋

罗纹袖口

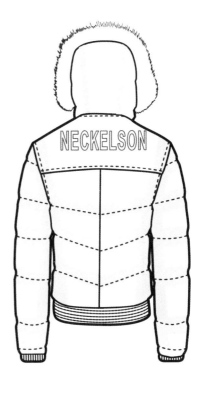

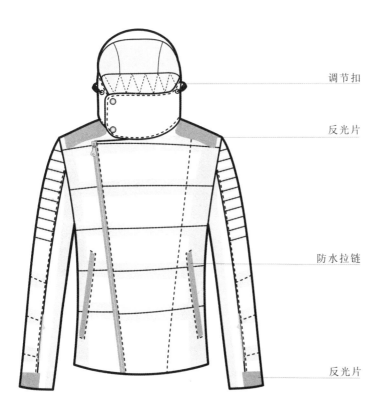

调节扣

反光片

防水拉链

反光片

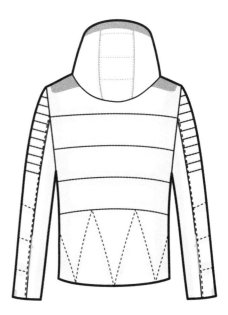

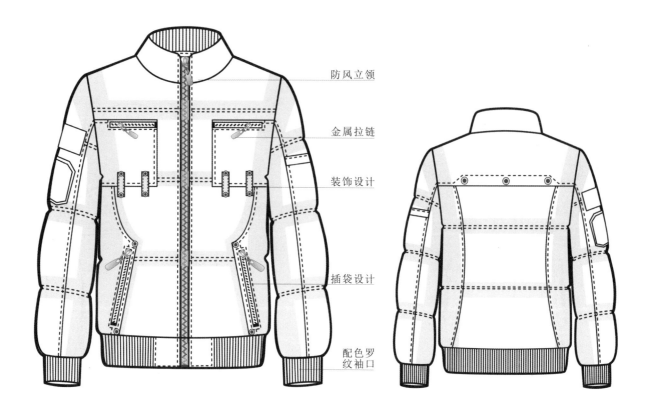

防风立领

金属拉链

装饰设计

插袋设计

配色罗
纹袖口

配色罗纹

装饰带

层叠设计

面料拼接

金属拉链

罗纹袖口

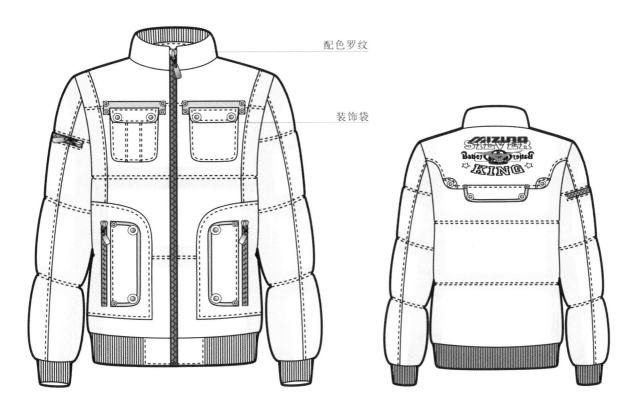

配色罗纹

装饰袋

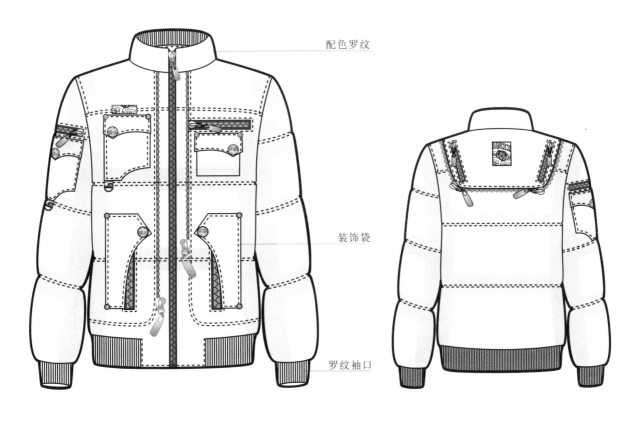

配色罗纹

装饰袋

罗纹袖口

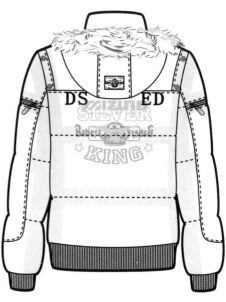

配色毛领
防风立领

金属装饰扣

金属拉链

拼接罗纹

罗纹袖口

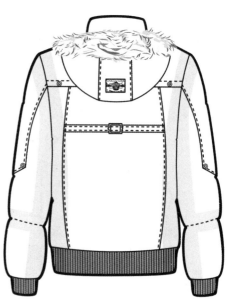

配色毛领
防风立领

口袋

罗纹袖口

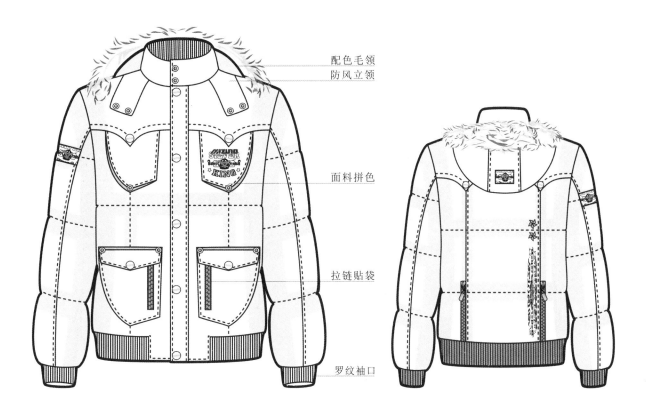

配色毛领
防风立领

面料拼色

拉链贴袋

罗纹袖口

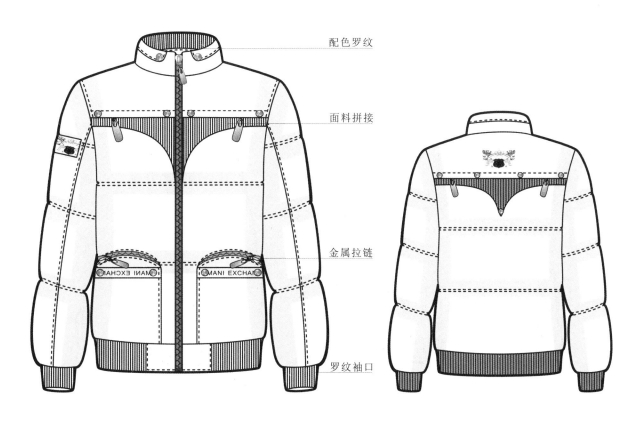

配色罗纹

面料拼接

金属拉链

罗纹袖口

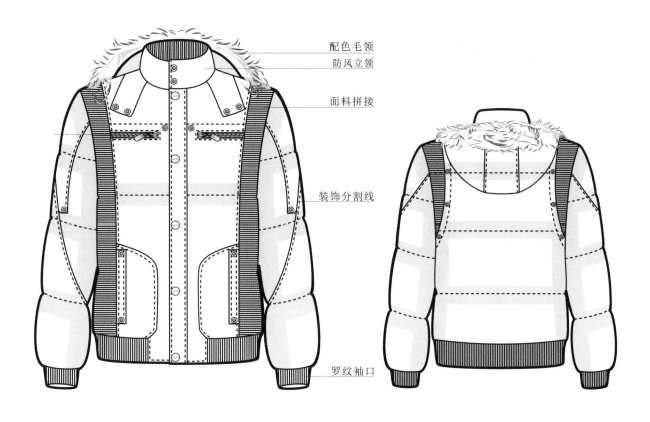

配色毛领
防风立领

面料拼接

装饰分割线

罗纹袖口

配色毛领
防风立领

插袋设计

拉链袋

罗纹袖口

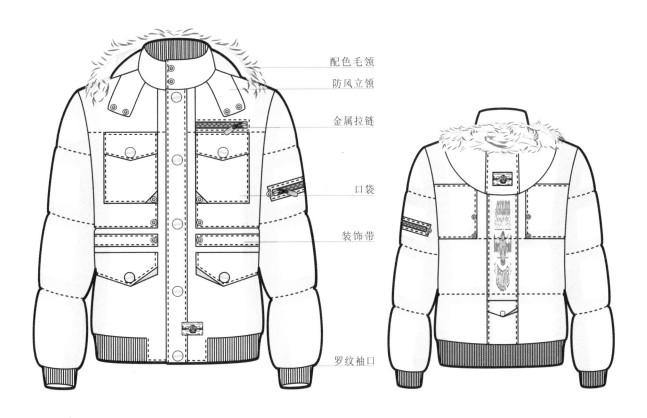

配色毛领
防风立领
金属拉链
口袋
装饰带
罗纹袖口

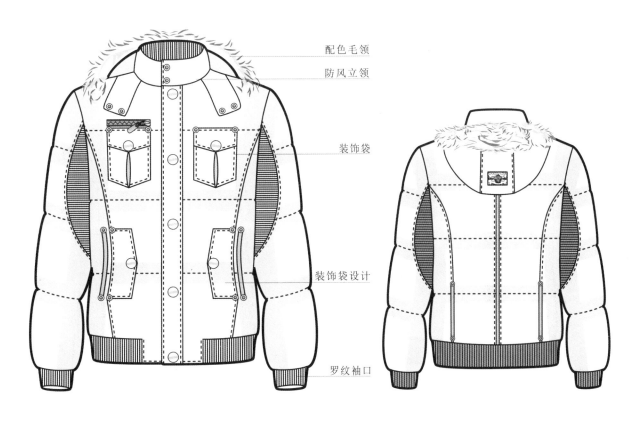

配色毛领
防风立领
装饰袋
装饰袋设计
罗纹袖口

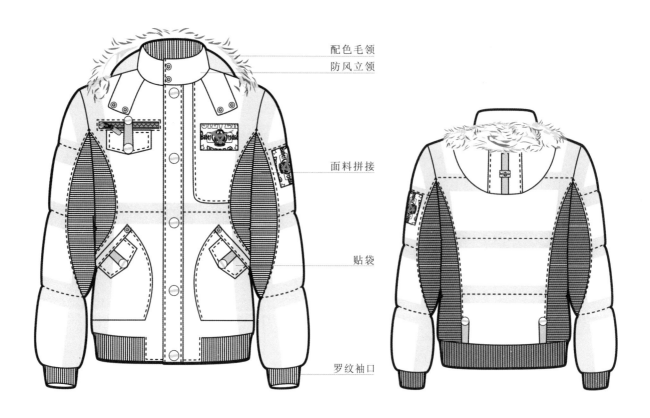

配色毛领

防风立领

面料拼接

贴袋

罗纹袖口

配色毛领

防风立领

面料拼接

口袋设计

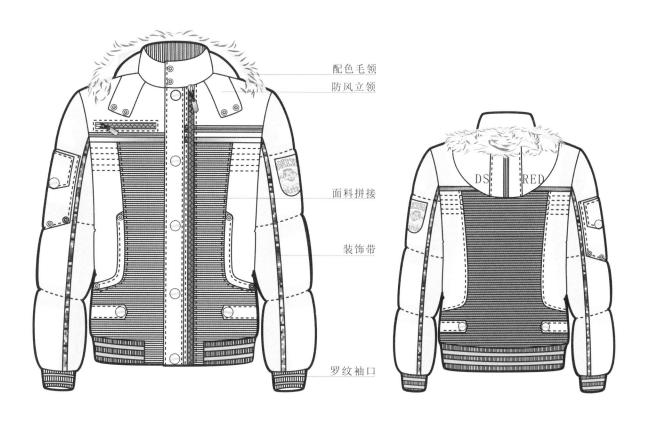

配色毛领

防风立领

面料拼接

装饰带

罗纹袖口

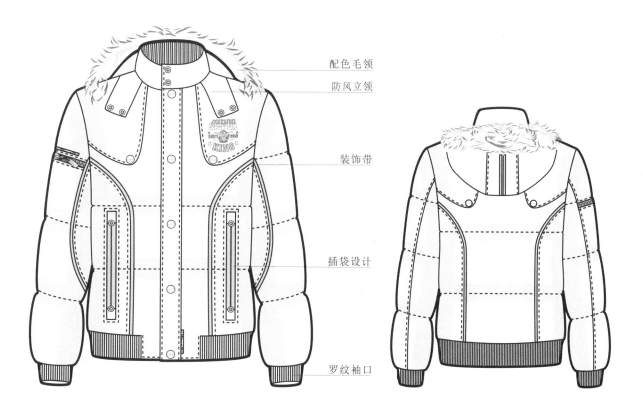

配色毛领

防风立领

装饰带

插袋设计

罗纹袖口

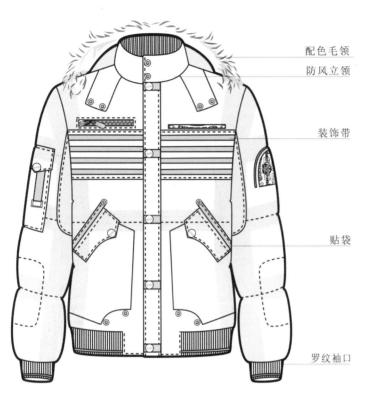

配色毛领

防风立领

装饰带

贴袋

罗纹袖口

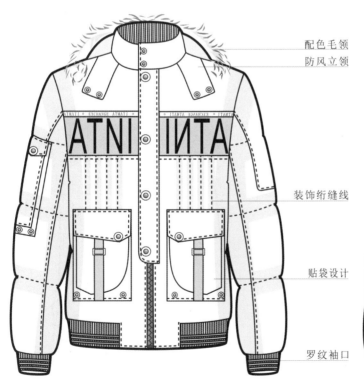
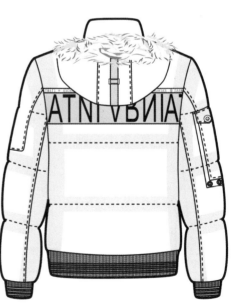

配色毛领

防风立领

装饰绗缝线

贴袋设计

罗纹袖口

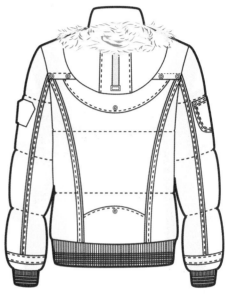

配色毛领
防风立领

装饰带

装饰袋

袖口装饰
罗纹袖口

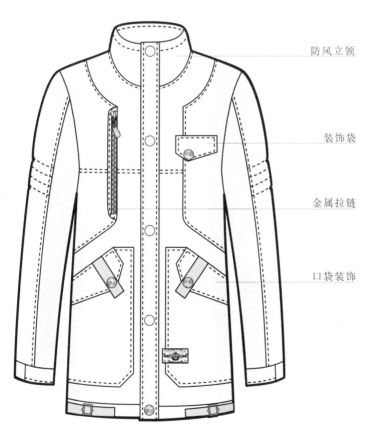
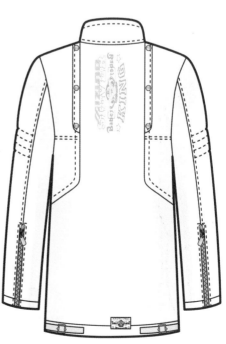

防风立领

装饰袋

金属拉链

口袋装饰

面料拼接

层叠设计

可调节腰带

装饰贴袋

配色罗纹

肩部装饰

装饰贴袋

分割线设计

罗纹袖口

配色罗纹

肩部装饰

拉链袋

罗纹袖口

拼接罗纹

钮扣装饰

层叠设计

金属拉链

袋盖装饰

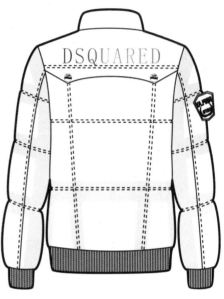

配色罗纹

装饰设计

装饰袋盖

罗纹袖口

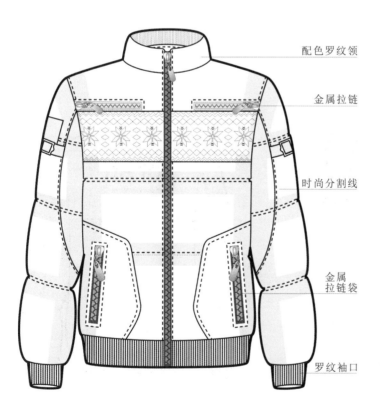

配色罗纹领

金属拉链

时尚分割线

金属
拉链袋

罗纹袖口

配色罗纹

装饰设计

金属扣装饰

罗纹袖口

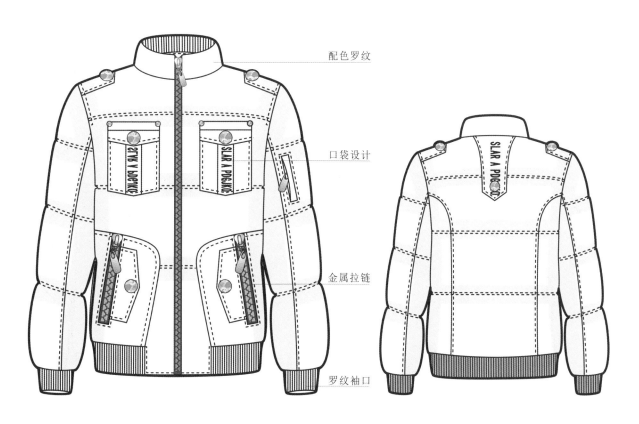

配色罗纹

口袋设计

金属拉链

罗纹袖口

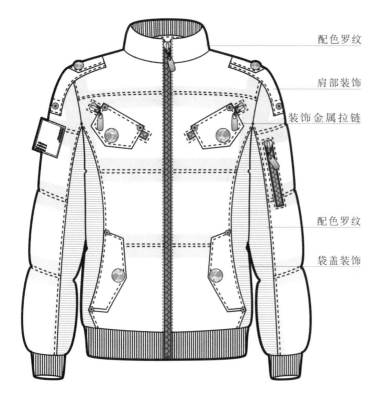

配色罗纹

肩部装饰

装饰金属拉链

配色罗纹

袋盖装饰

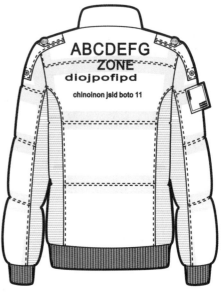

配色罗纹

配色罗纹

装饰拉链

插袋设计

罗纹袖口

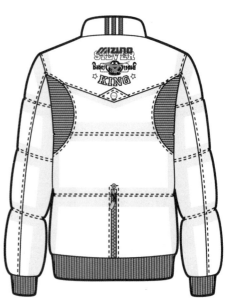

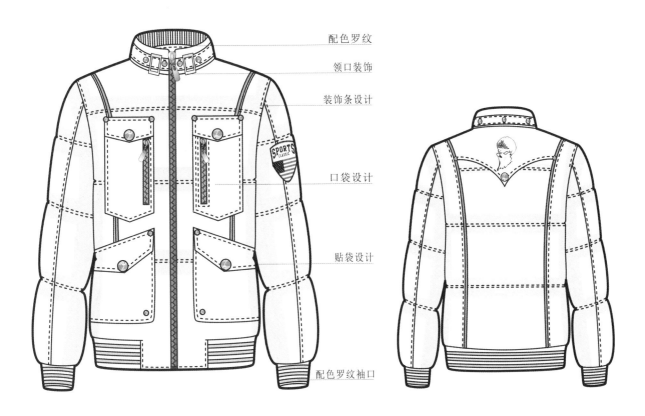

配色罗纹

领口装饰

装饰条设计

口袋设计

贴袋设计

配色罗纹袖口

配色罗纹

配色罗纹

贴袋

贴袋

配色罗纹

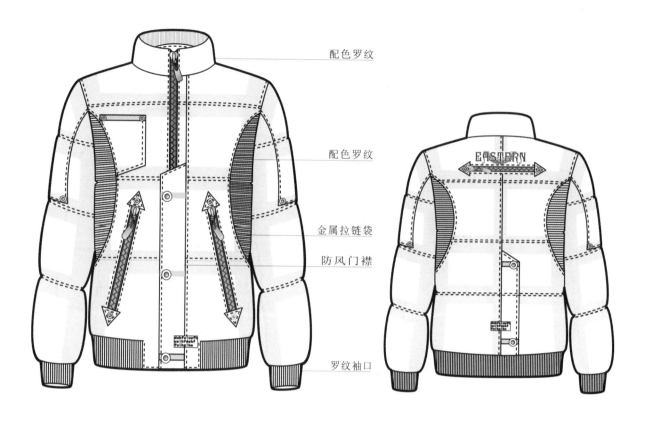

配色罗纹

配色罗纹

金属拉链袋

防风门襟

罗纹袖口

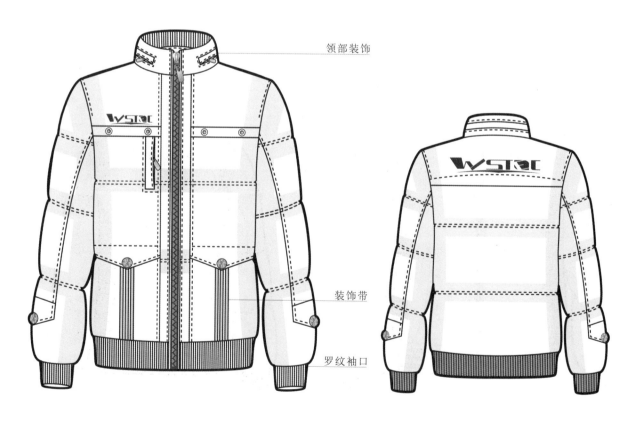

领部装饰

装饰带

罗纹袖口

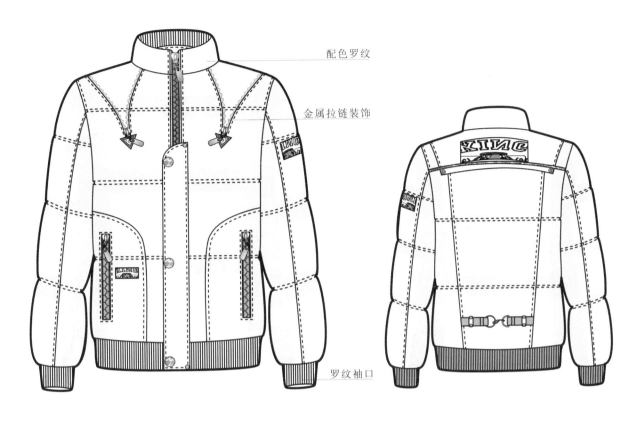

配色罗纹

金属拉链装饰

罗纹袖口

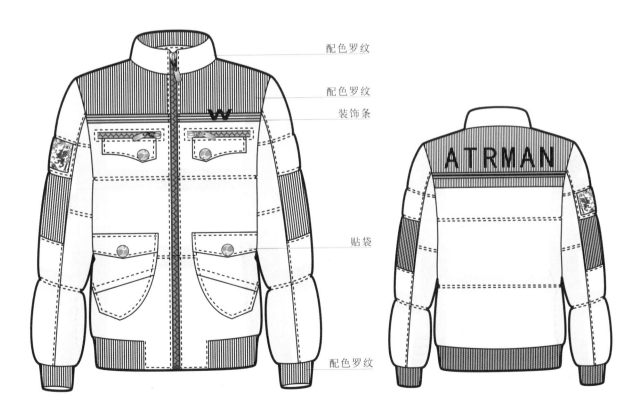

配色罗纹

配色罗纹

装饰条

贴袋

配色罗纹

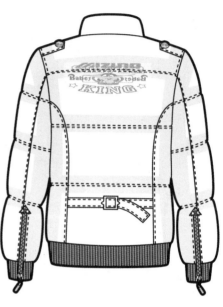

配色罗纹

装饰袋

金属拉链装饰

贴袋

罗纹袖口

配色罗纹

层叠设计

双线口袋

装饰口袋

罗纹袖口

配色罗纹

肩部装饰扣

层叠设计

面料拼接

拉链袋设计

罗纹袖口

RTYUNEA
FOUR

配色罗纹

袖装饰
装饰袋

分割
线设计

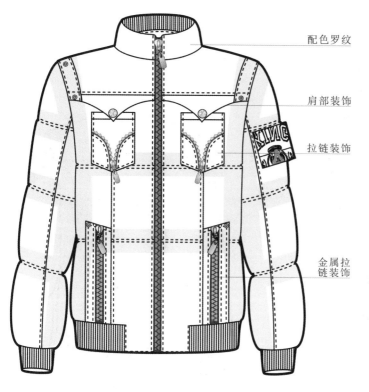

配色罗纹

肩部装饰

拉链装饰

金属拉链装饰

配色罗纹

层叠设计

装饰扣

金属拉链

罗纹袖口

配色罗纹

面料拼接

拉链袋

金属拉链

立体袋

罗纹袖口

配色罗纹

装饰带

贴袋设计

双线袋设计

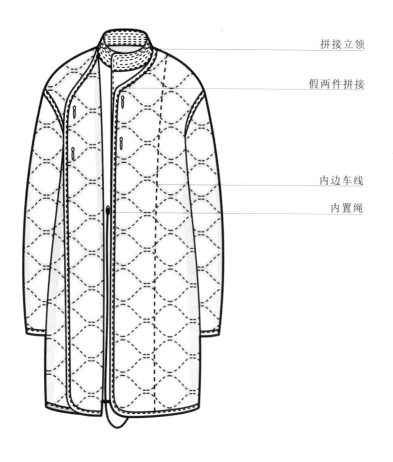

拼接立领

假两件拼接

内边车线

内置绳

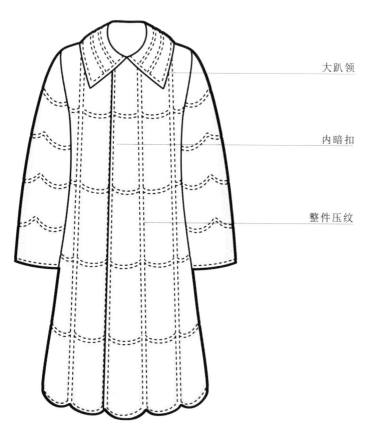

大趴领

内暗扣

整件压纹

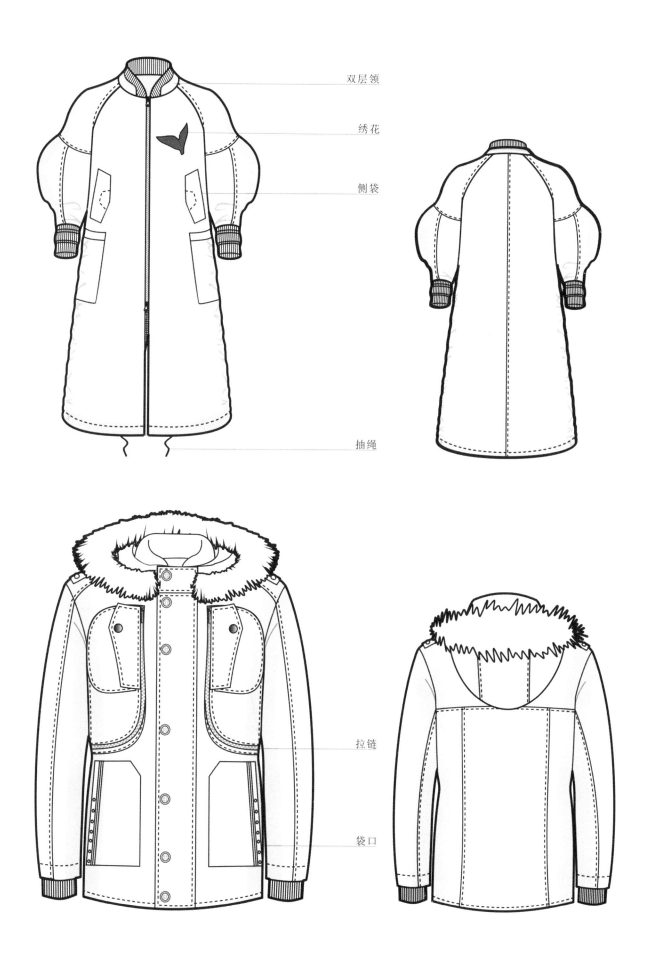

双层领

绣花

侧袋

抽绳

拉链

袋口

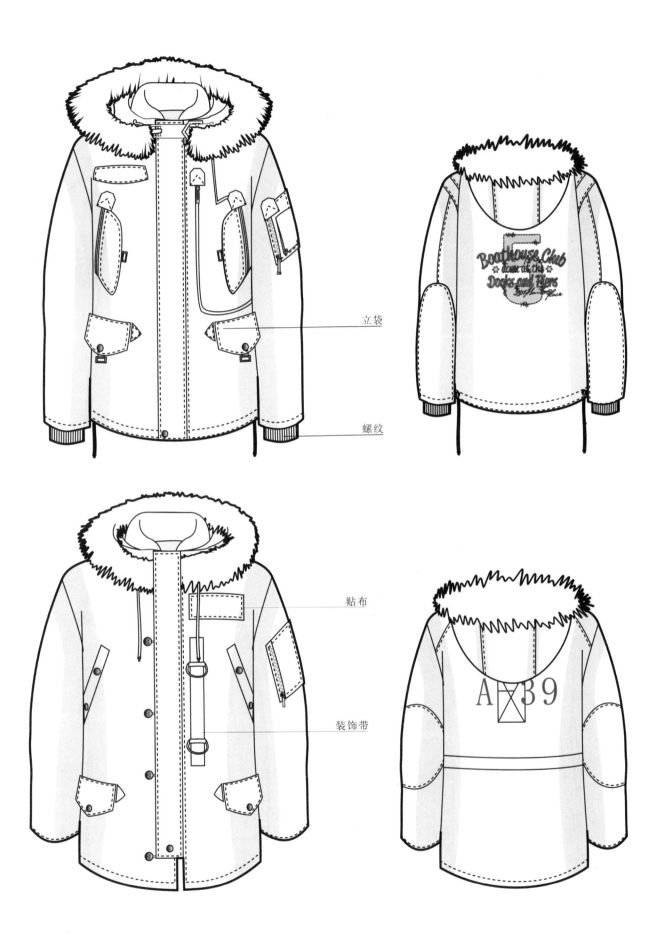

立袋

螺纹

贴布

装饰带

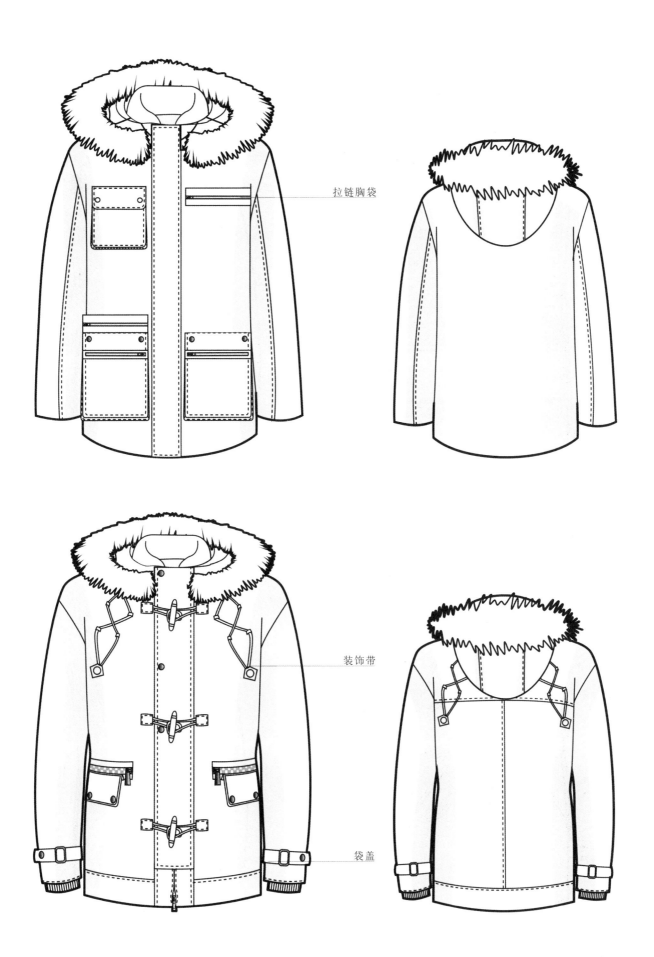

拉链胸袋

装饰带

袋盖

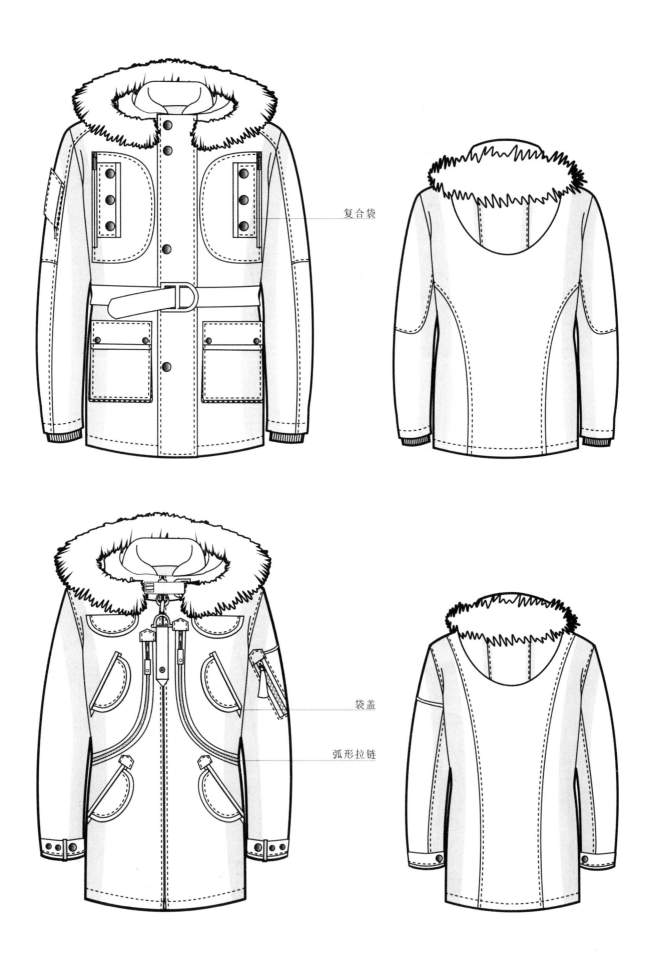

复合袋

袋盖

弧形拉链

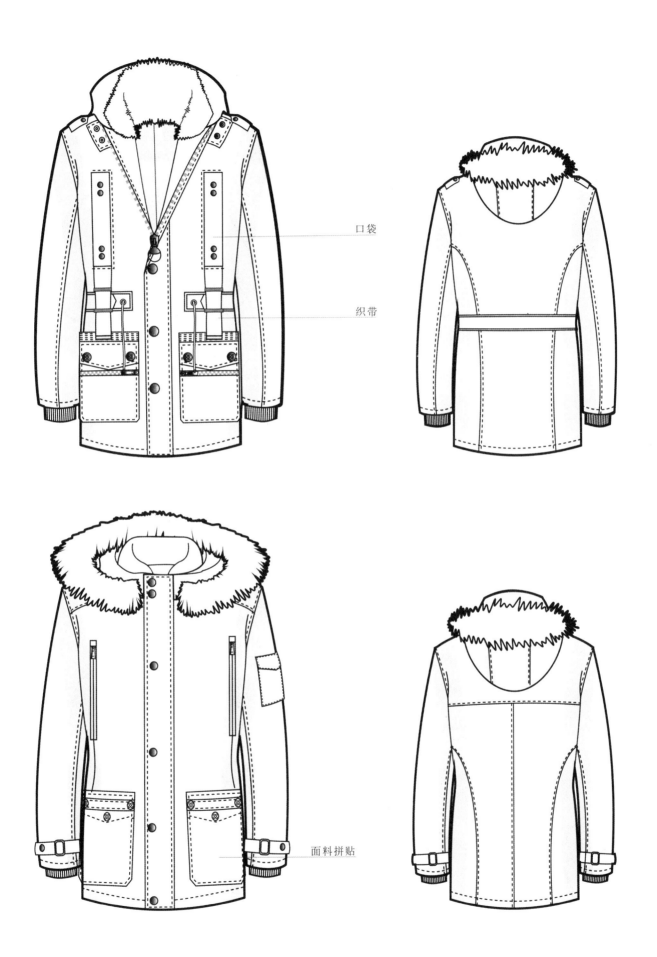

口袋

织带

面料拼贴

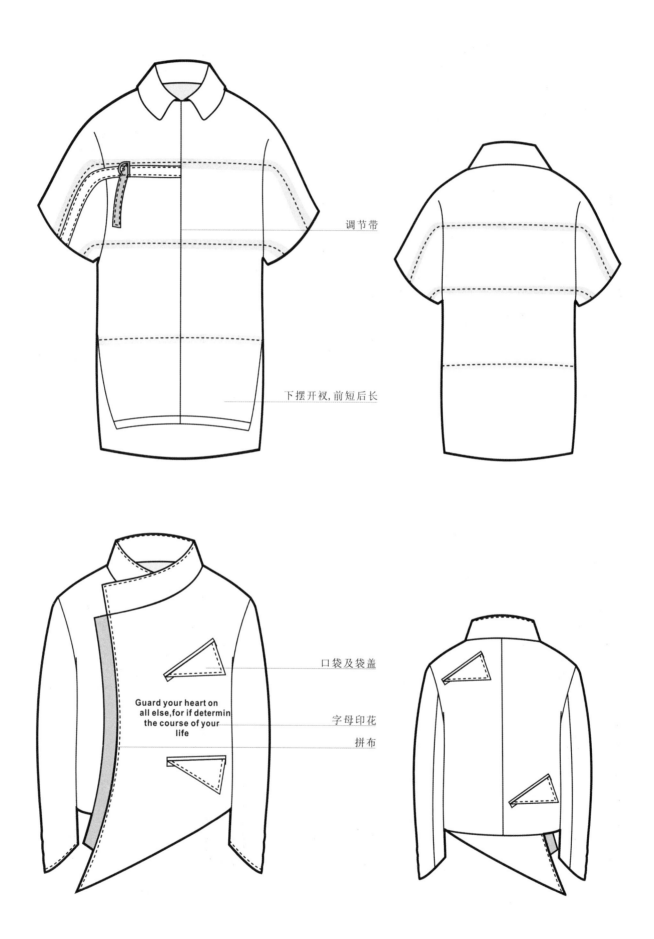

调节带

下摆开衩,前短后长

口袋及袋盖

Guard your heart on
all else,for if determin
the course of your
life

字母印花

拼布

个性搭带

翻盖小口袋

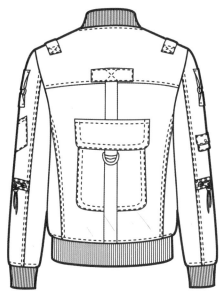

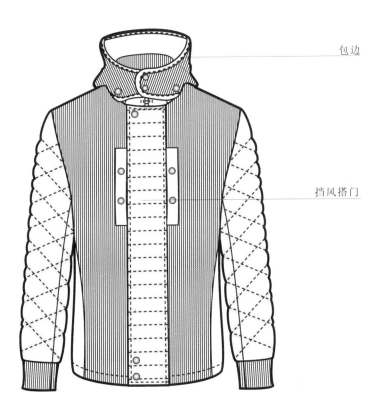

包边

挡风搭门

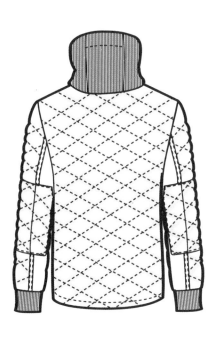

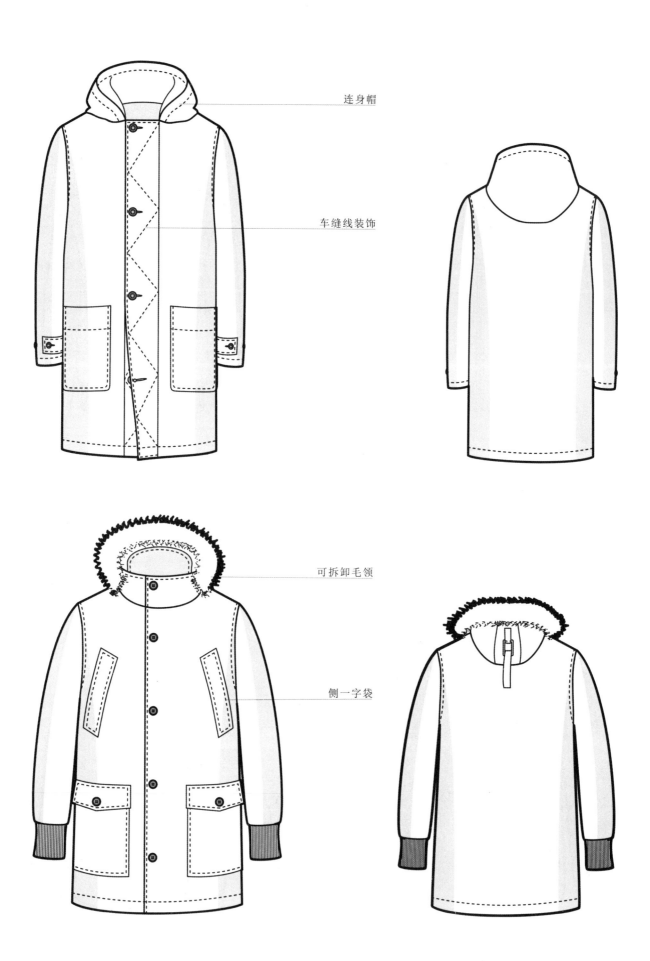

连身帽

车缝线装饰

可拆卸毛领

侧一字袋

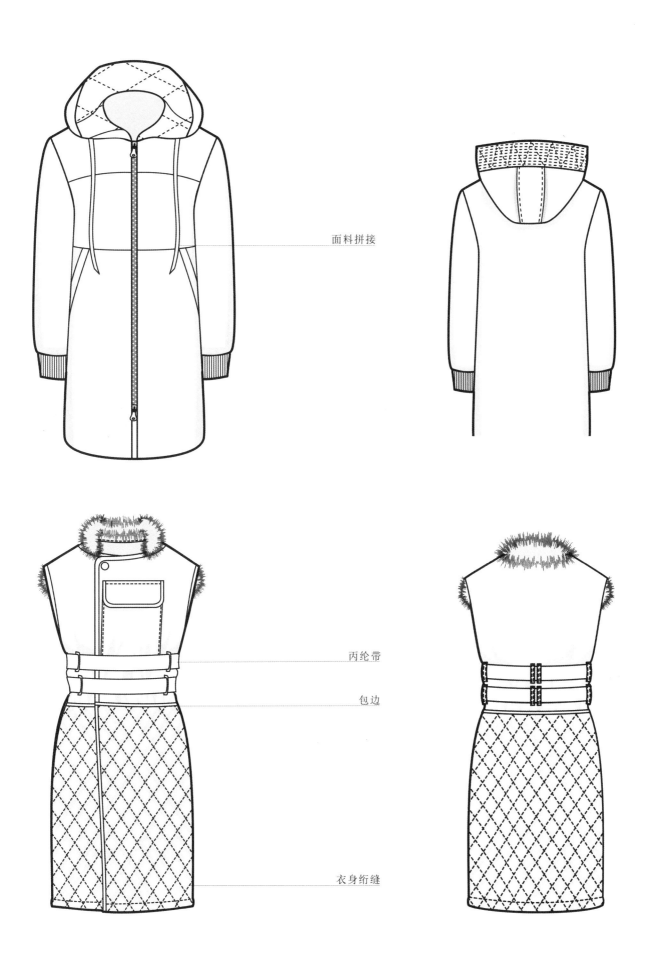

面料拼接

丙纶带

包边

衣身绗缝

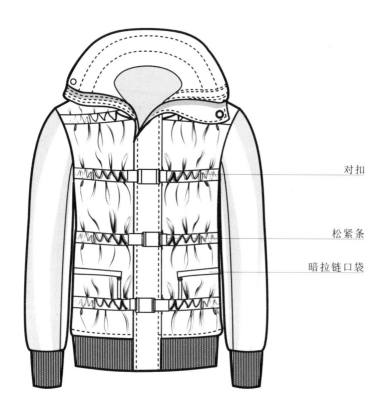
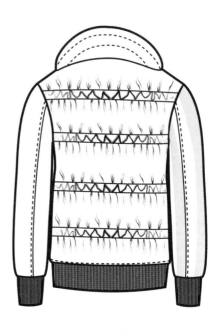

对扣

松紧条

暗拉链口袋

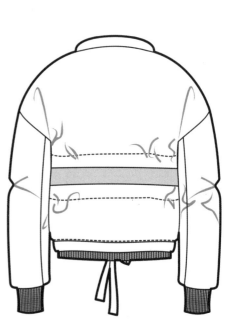

假腰带

抽绳

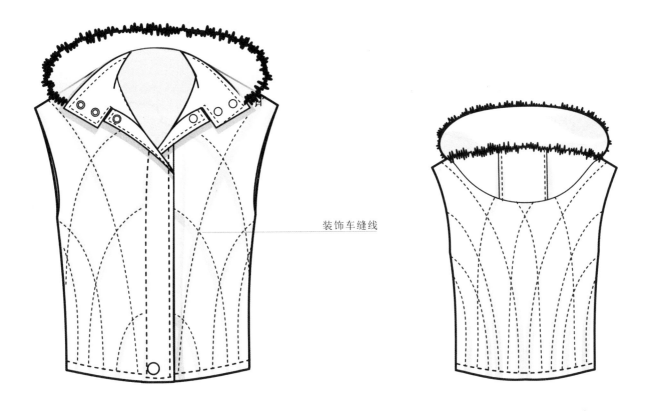

装饰车缝线

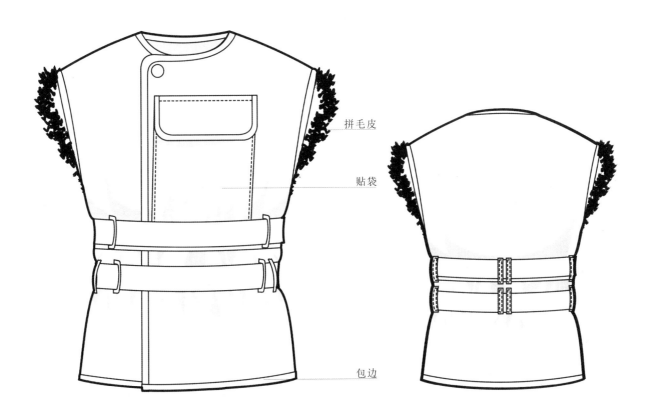

拼毛皮

贴袋

包边

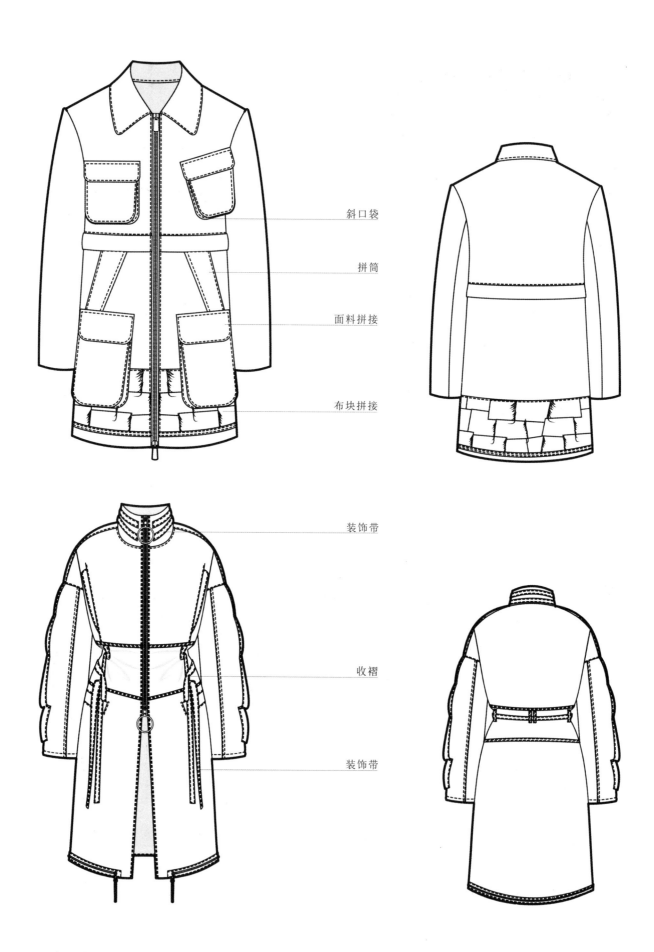

斜口袋

拼筒

面料拼接

布块拼接

装饰带

收褶

装饰带

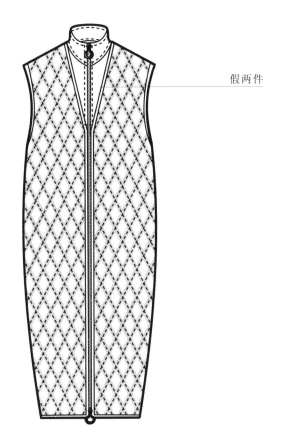

假两件

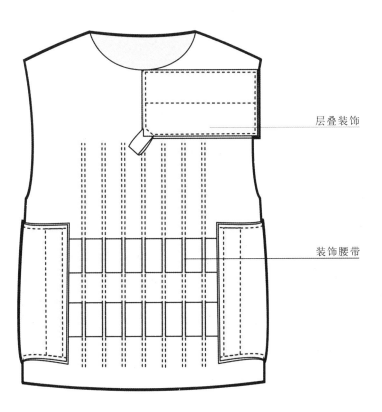
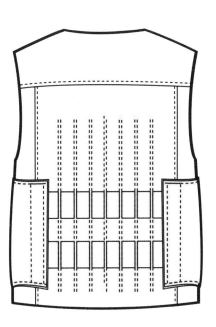

层叠装饰

装饰腰带

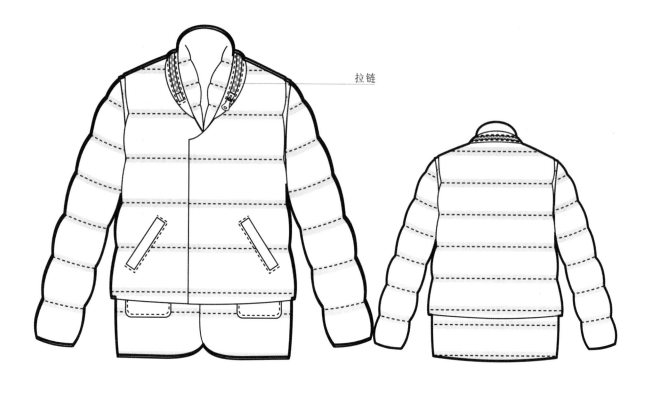

拉链

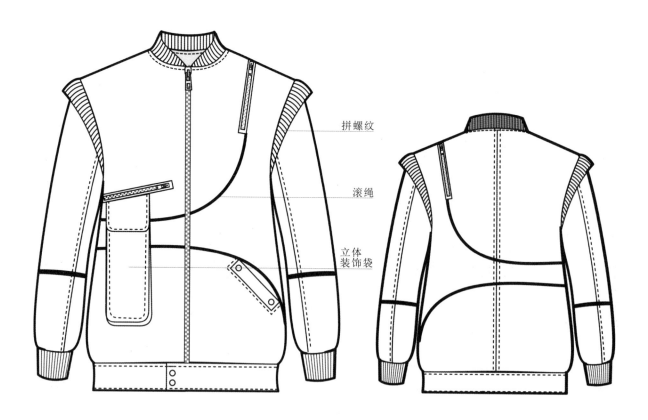

拼螺纹

滚绳

立体
装饰袋

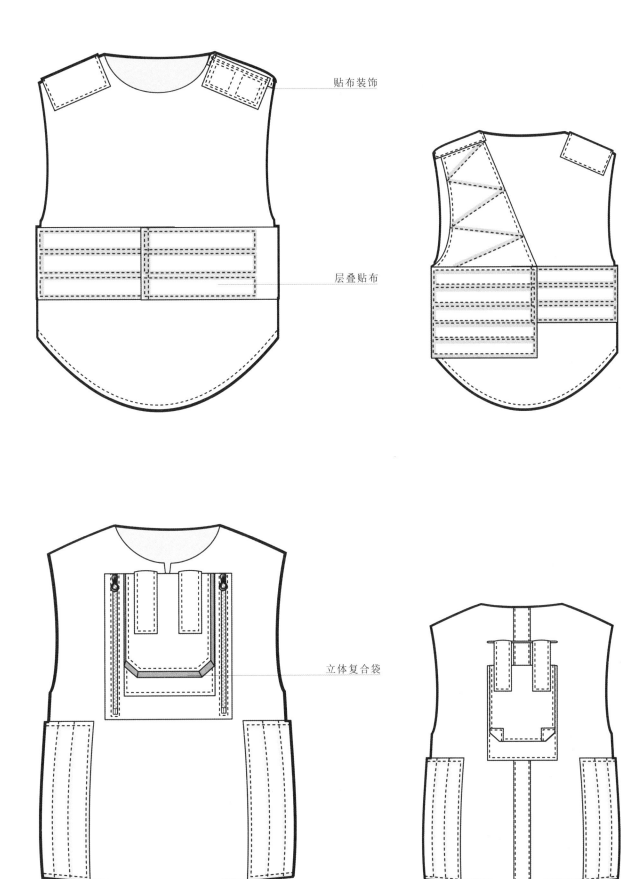

贴布装饰

层叠贴布

立体复合袋

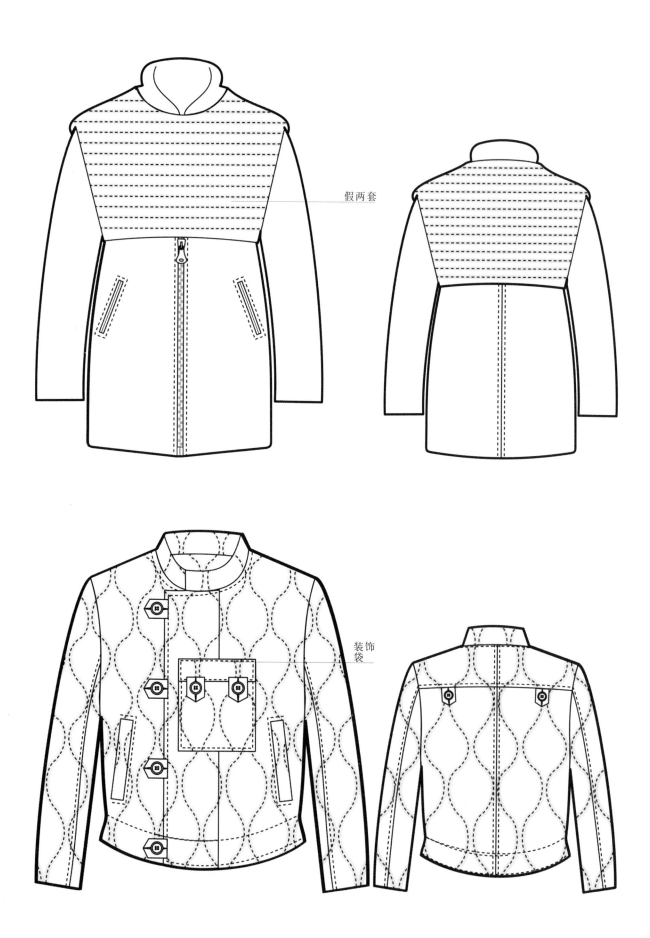

假两套

装饰袋

防风立领

装饰设计

拉链装饰

贴袋设计

立体省

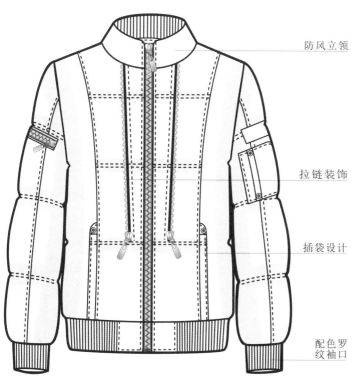
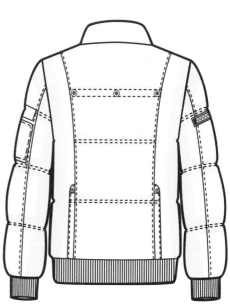

防风立领

拉链装饰

插袋设计

配色罗
纹袖口

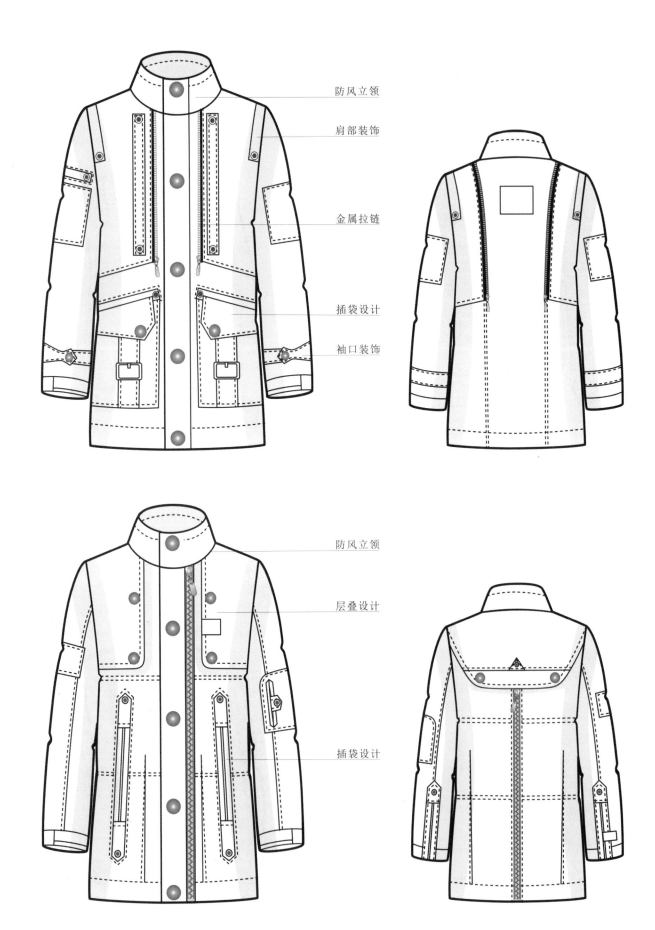

防风立领

肩部装饰

金属拉链

插袋设计

袖口装饰

防风立领

层叠设计

插袋设计

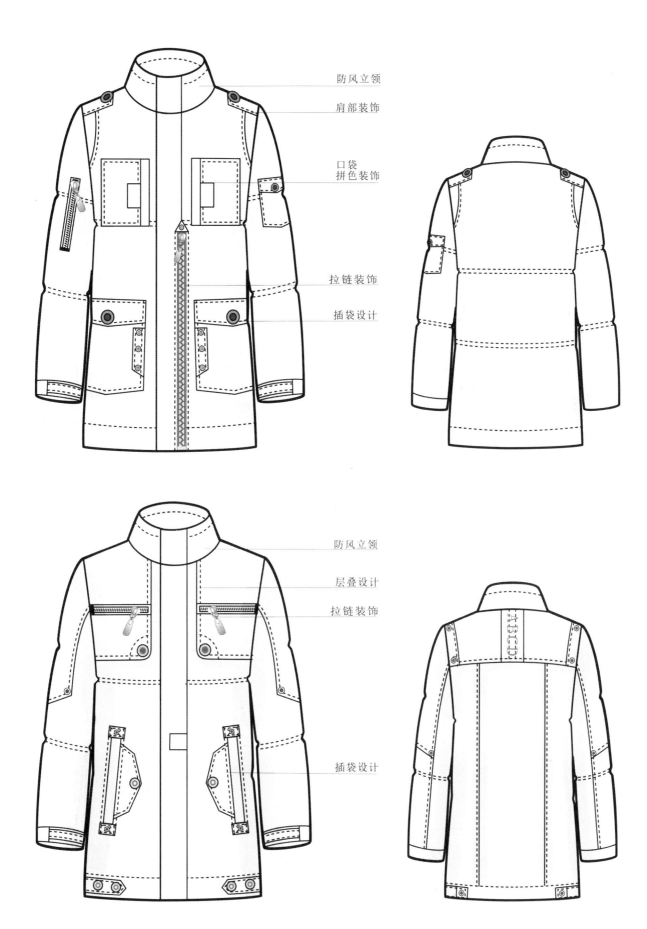

防风立领

肩部装饰

口袋
拼色装饰

拉链装饰

插袋设计

防风立领

层叠设计

拉链装饰

插袋设计

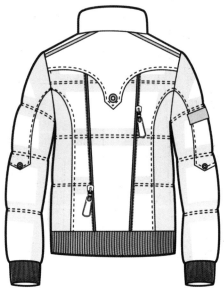

防风立领

装饰设计

金属拉链

口袋拼
色装饰

配色罗
纹袖口

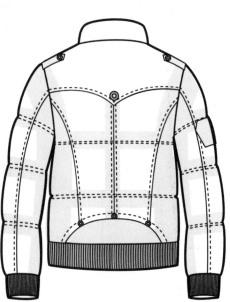

防风立领

肩部装饰

钮扣装饰

拉链贴袋

配色
罗纹袖口

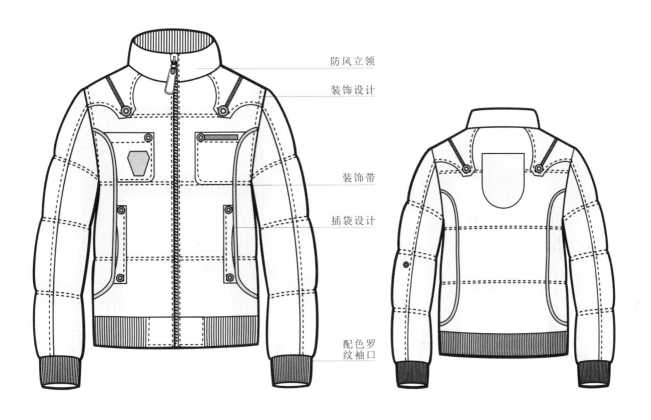

防风立领

装饰设计

装饰带

插袋设计

配色罗
纹袖口

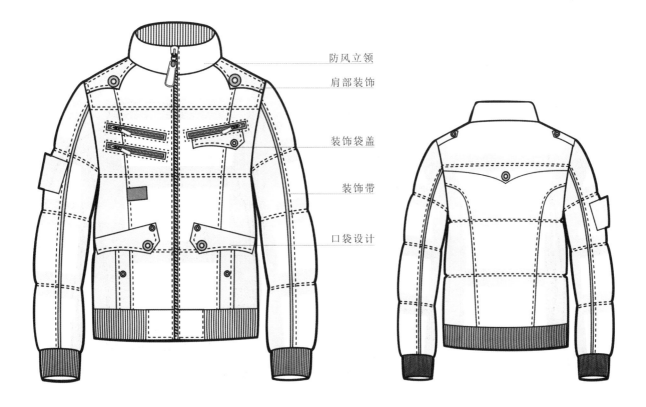

防风立领

肩部装饰

装饰袋盖

装饰带

口袋设计

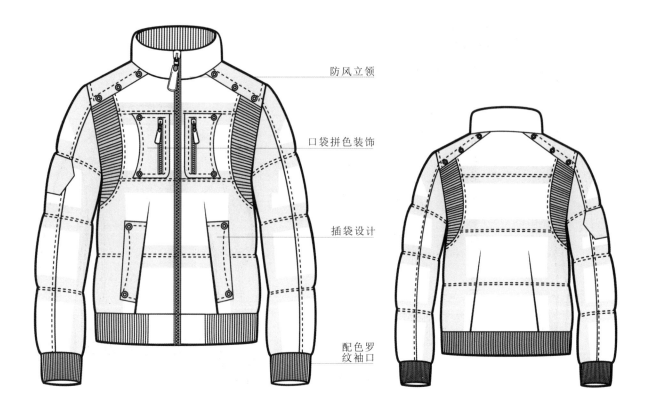

防风立领

口袋拼色装饰

插袋设计

配色罗
纹袖口

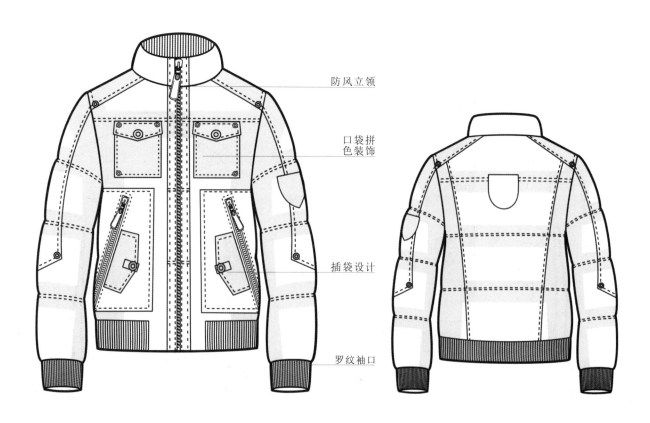

防风立领

口袋拼
色装饰

插袋设计

罗纹袖口

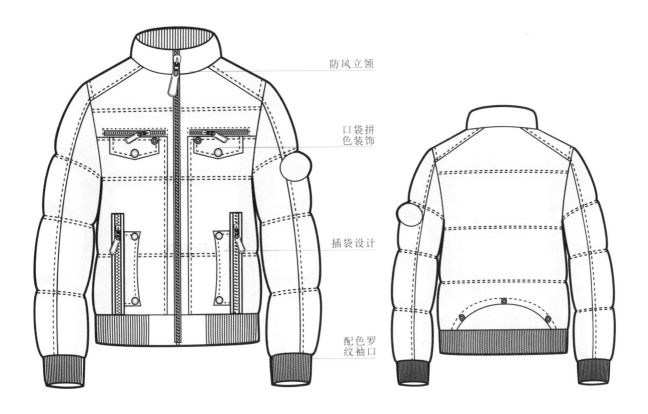

防风立领

口袋拼
色装饰

插袋设计

配色罗
纹袖口

防风立领

面料拼色

口袋拼
色装饰

罗纹袖口

防风立领

口袋拼
色装饰

贴袋设计

配色罗
纹袖口

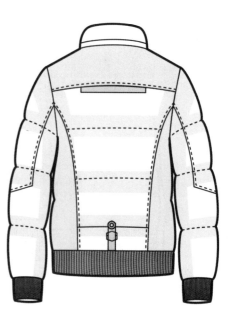

防风立领

肩部装饰

口袋拼
色装饰

插袋设计

配色罗
纹袖口

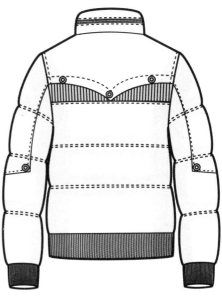

防风立领

口袋拼色装饰

贴袋设计

配色罗
纹袖口

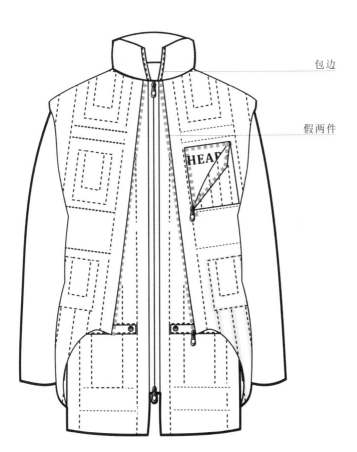
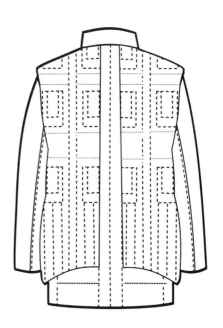

包边

假两件

包边

毛领

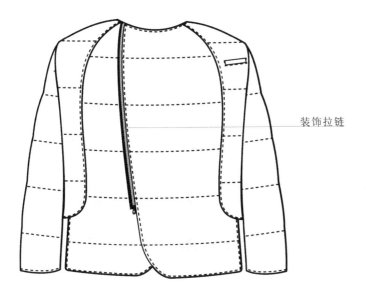

装饰拉链

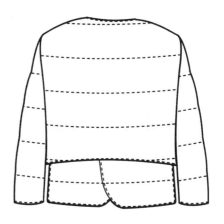

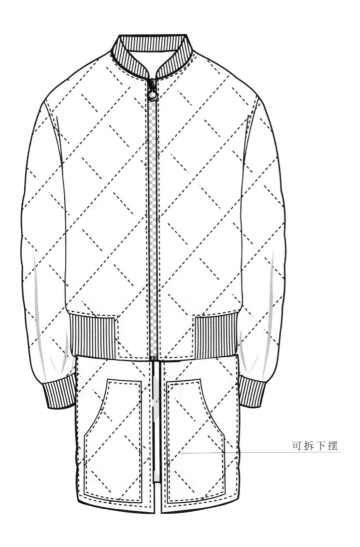

可拆下摆

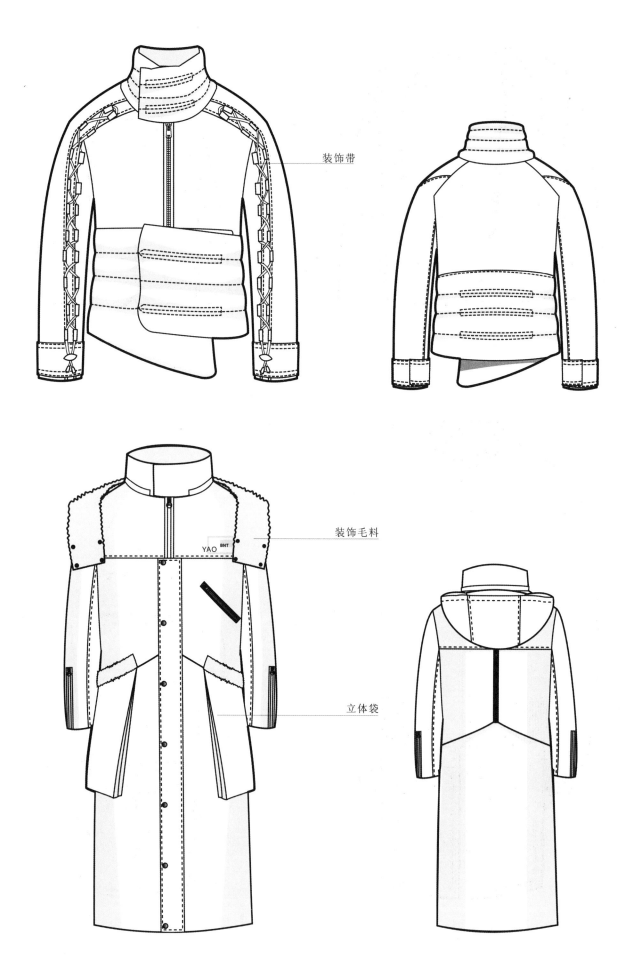

装饰带

装饰毛料

立体袋

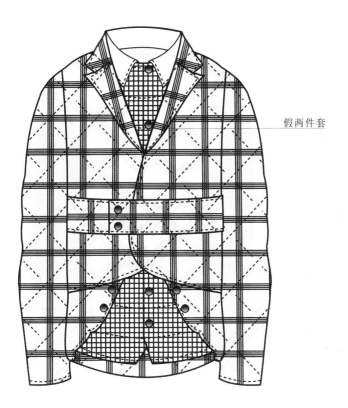

假两件套

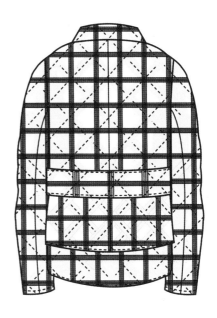

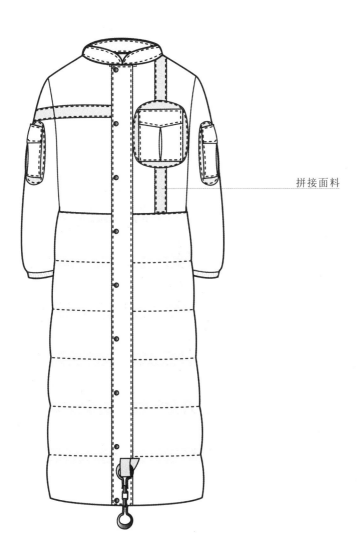

拼接面料

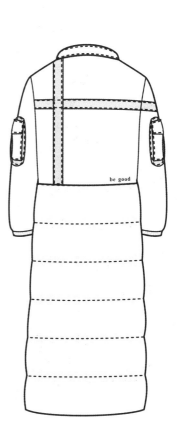

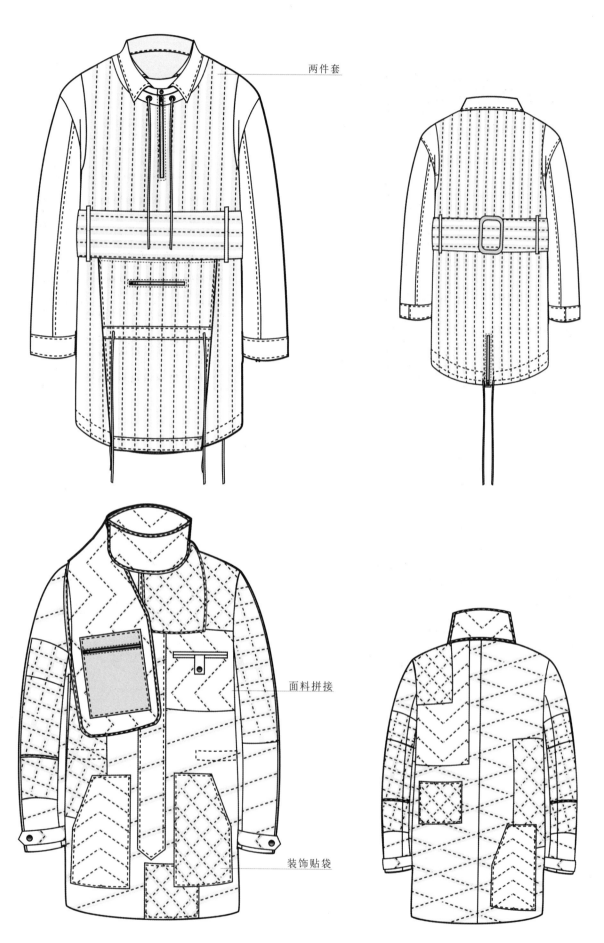

两件套

面料拼接

装饰贴袋

防风帽设计

斜插袋

缎带

分割

领口装饰

口袋

面料拼色

贴袋

调节抽绳

立体贴袋

贴袋

调节扣

口袋面料拼接

插袋

魔术贴

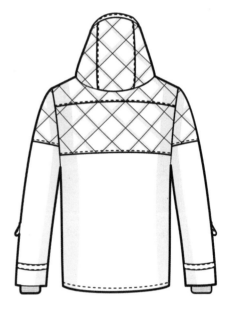

调节扣

拼接绗缝

插袋

装饰带

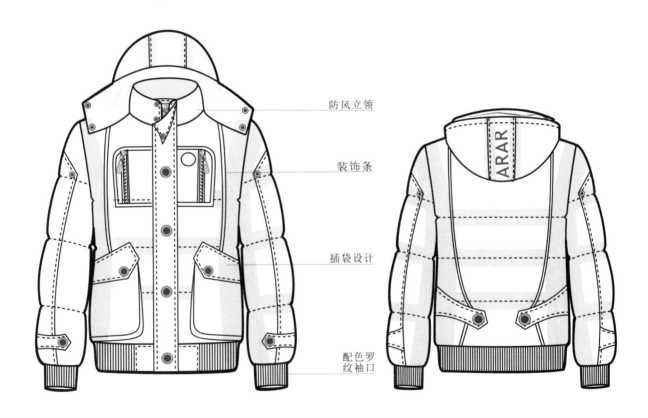

防风立领

装饰条

插袋设计

配色罗
纹袖口

防风立领

面料拼接

拉链装饰

拉链插袋

配色罗
纹袖口

防风立领

装饰设计

插袋设计

配色罗
纹袖口

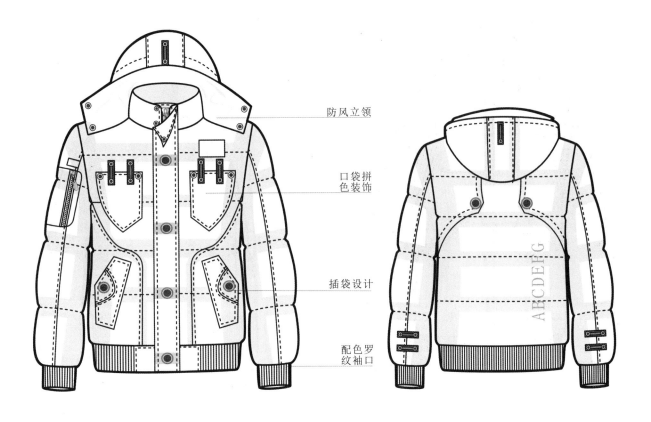

防风立领

口袋拼
色装饰

插袋设计

配色罗
纹袖口

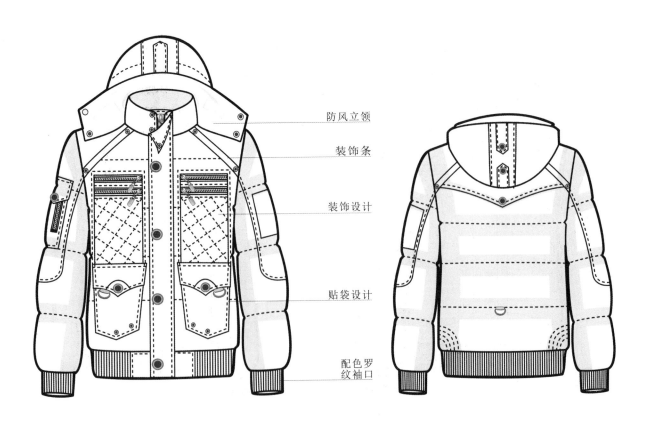

防风立领

装饰条

装饰设计

贴袋设计

配色罗
纹袖口

防风立领

装饰设计

插袋设计

配色罗
纹袖口

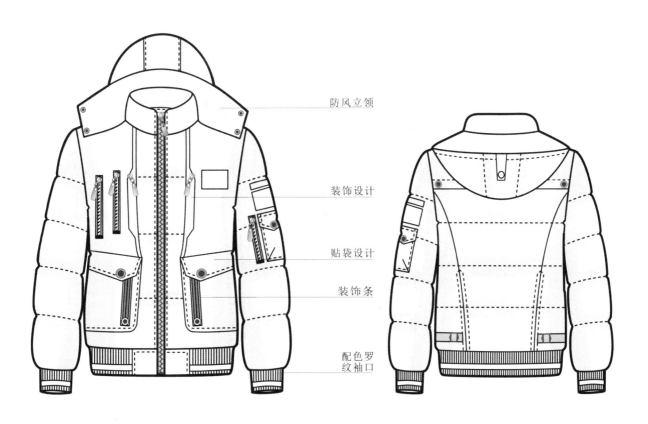

防风立领

装饰设计

贴袋设计

装饰条

配色罗
纹袖口

3. 休闲运动款棉褛

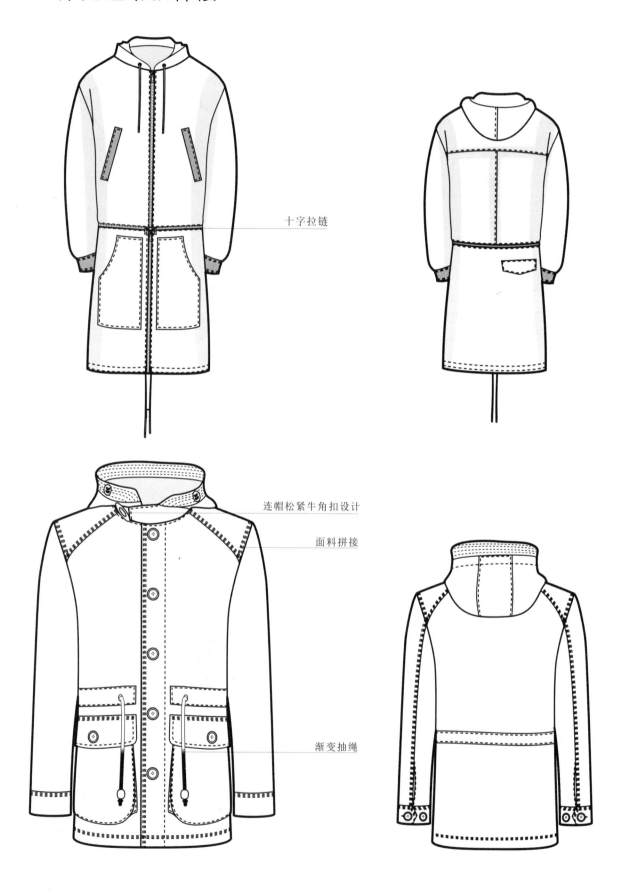

十字拉链

连帽松紧牛角扣设计

面料拼接

渐变抽绳

面料拼接

斜门襟

面料拼接

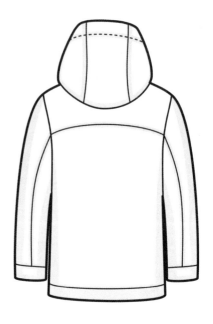

拼接

装饰带

拼接

连袖手套

袖立口袋

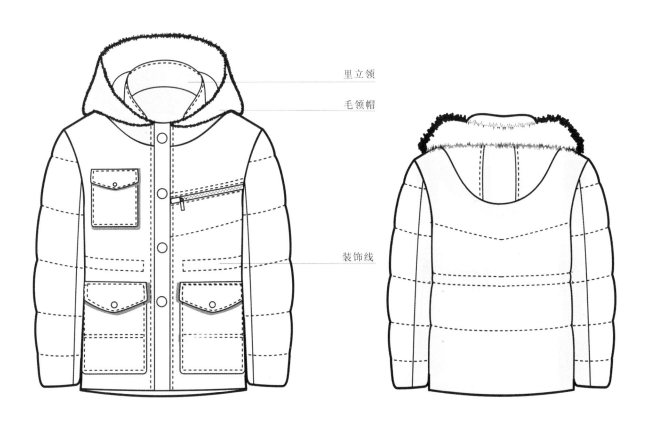

里立领

毛领帽

装饰线

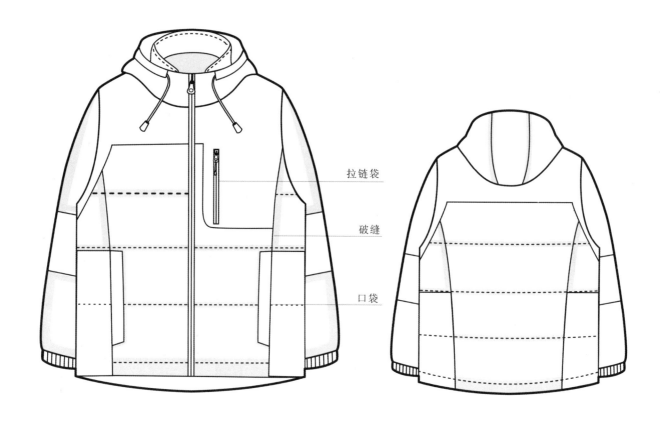

拉链袋

破缝

口袋

面料B

可拆卸帽子

面料拼接

面料A

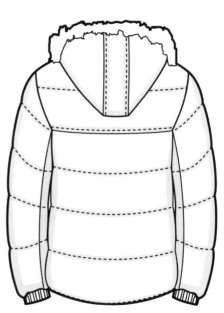

前高领帽檐

侧拉链袋

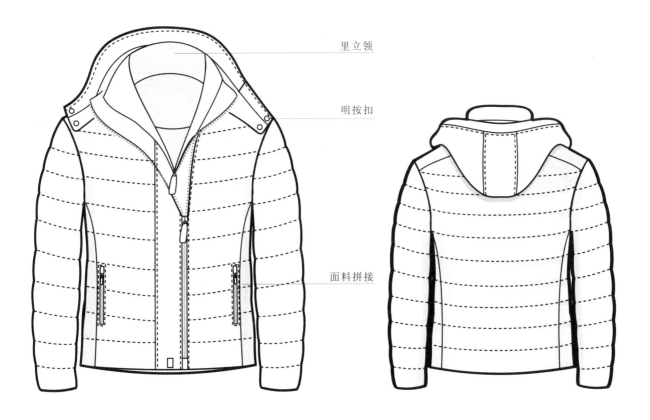

里立领

明按扣

面料拼接

面料拼接

小侧袋

连袖手套

暗双头拉链

小侧袋

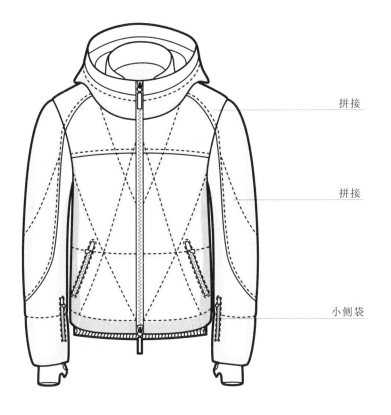

拼接

拼接

小侧袋

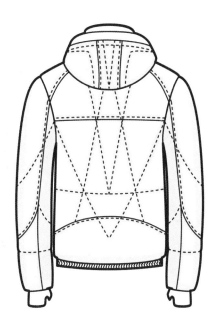

松紧带帽檐

袖侧装饰袋
标贴

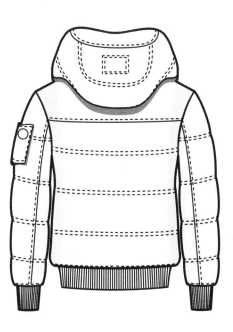

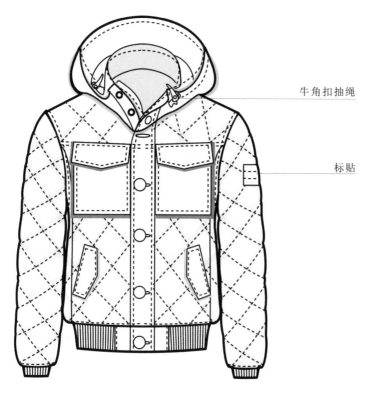
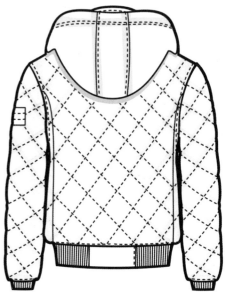

牛角扣抽绳

标贴

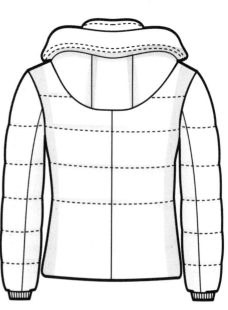

按扣

按扣

袋盖

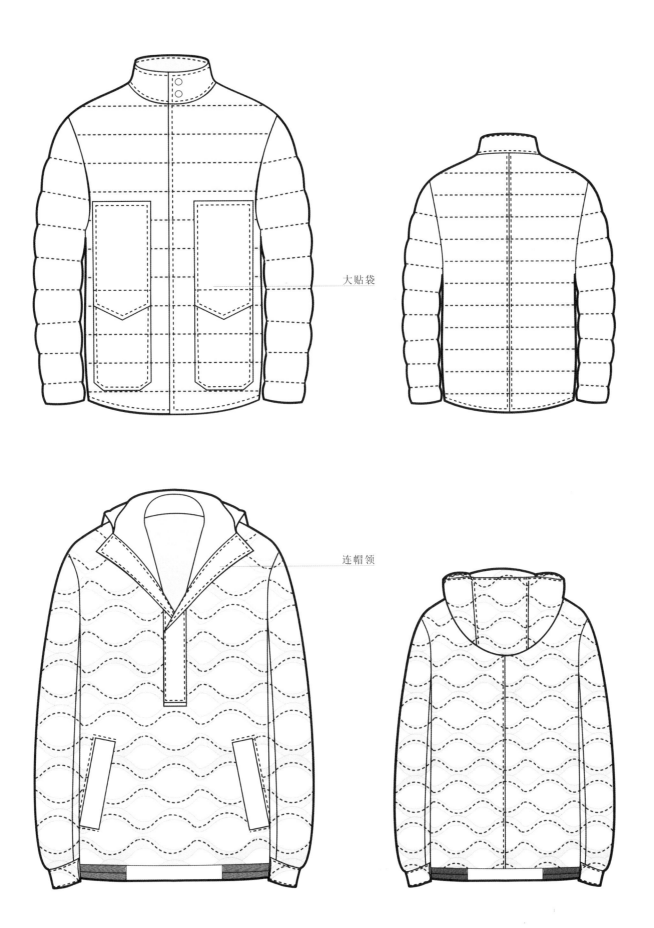

大贴袋

连帽领

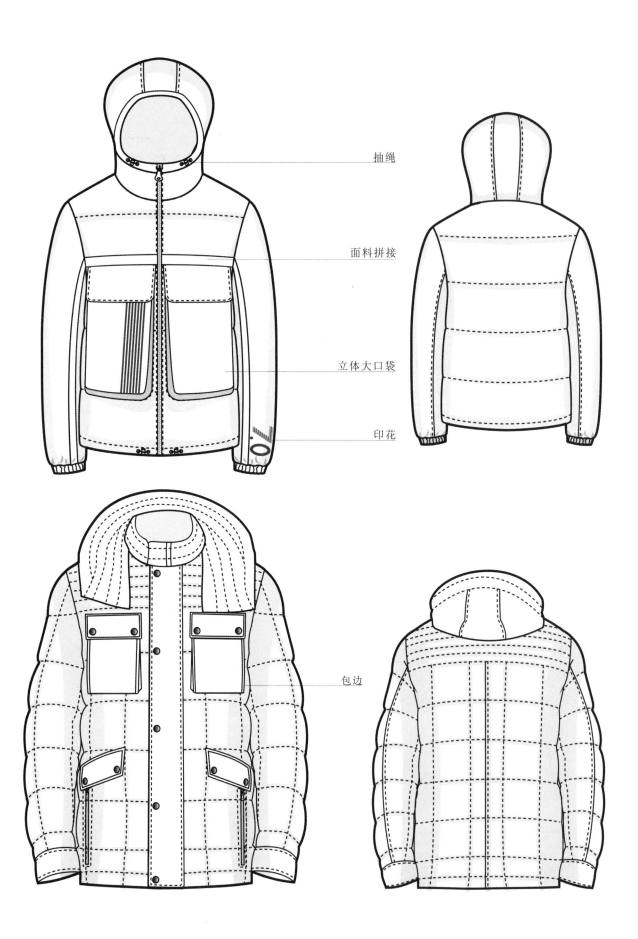

抽绳

面料拼接

立体大口袋

印花

包边

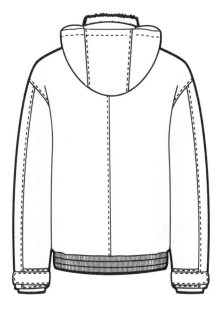

毛领

防水拉链

面料拼接

装饰扣

贴皮

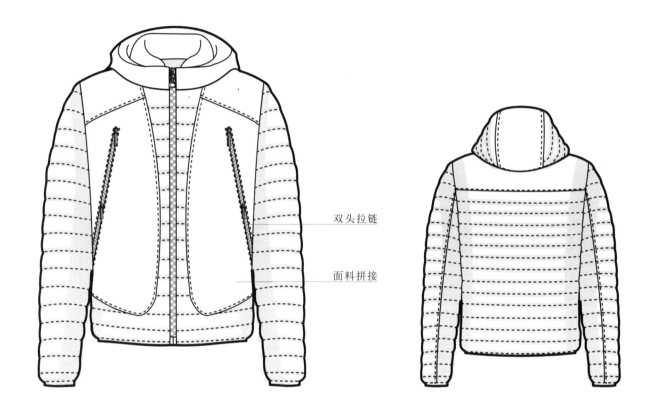

双头拉链

面料拼接

活页

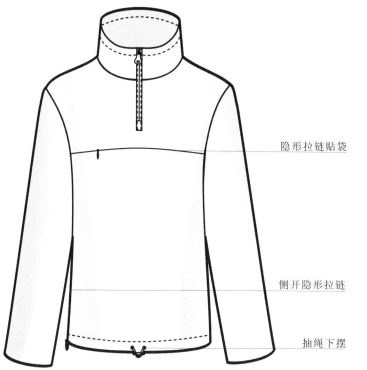
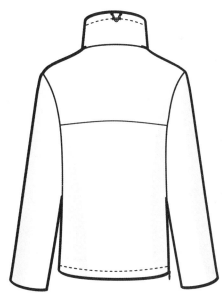

隐形拉链贴袋

侧开隐形拉链

抽绳下摆

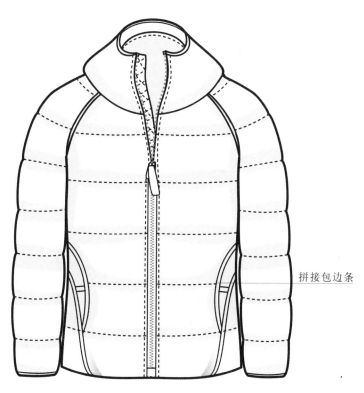

拼接包边条

面料拼接

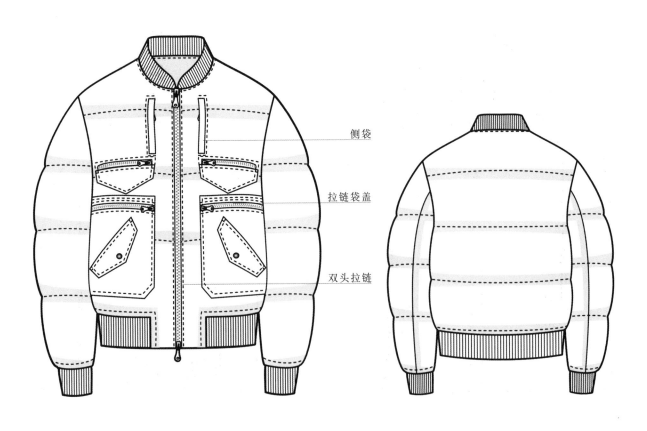

侧袋

拉链袋盖

双头拉链

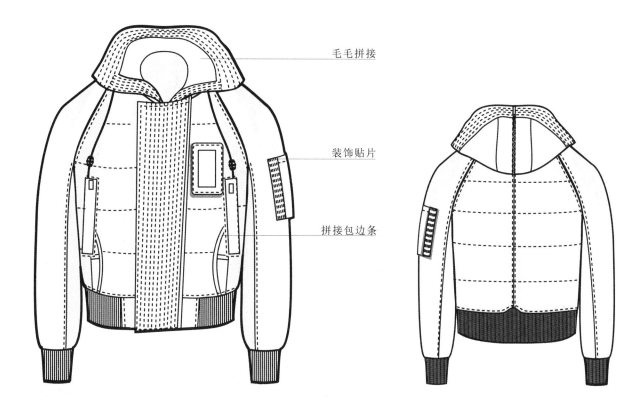

毛毛拼接

装饰贴片

拼接包边条

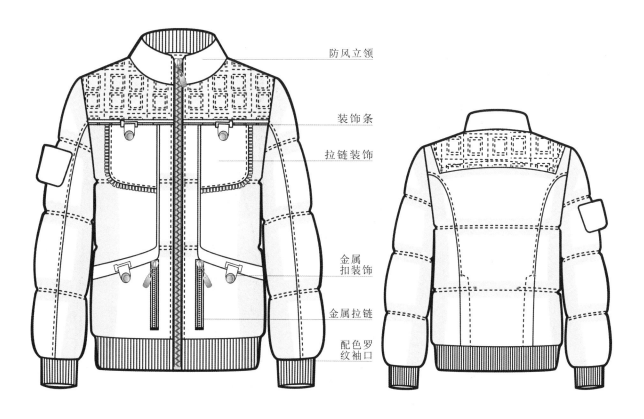

防风立领

装饰条

拉链装饰

金属
扣装饰

金属拉链

配色罗
纹袖口

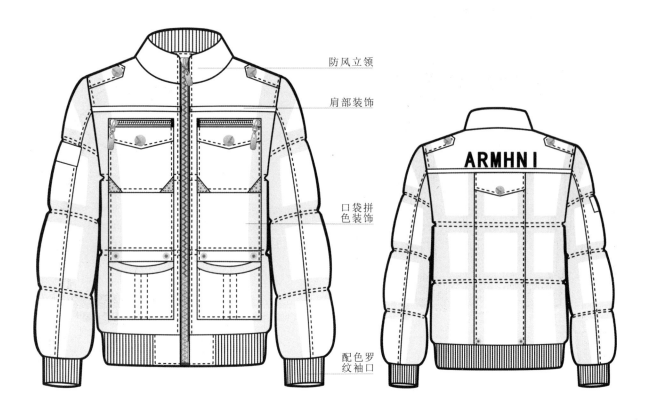

防风立领

肩部装饰

口袋拼
色装饰

配色罗
纹袖口

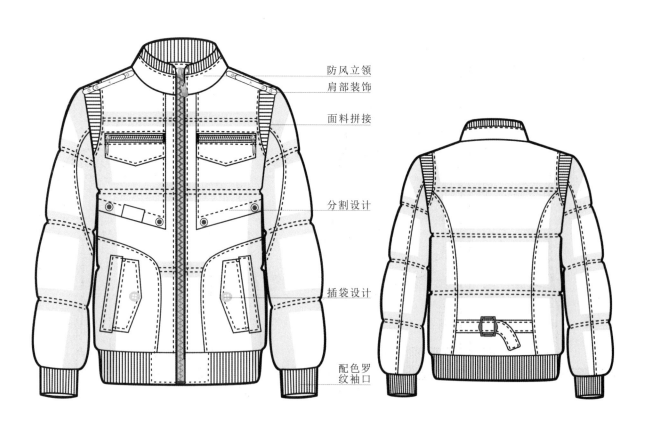

防风立领
肩部装饰

面料拼接

分割设计

插袋设计

配色罗
纹袖口

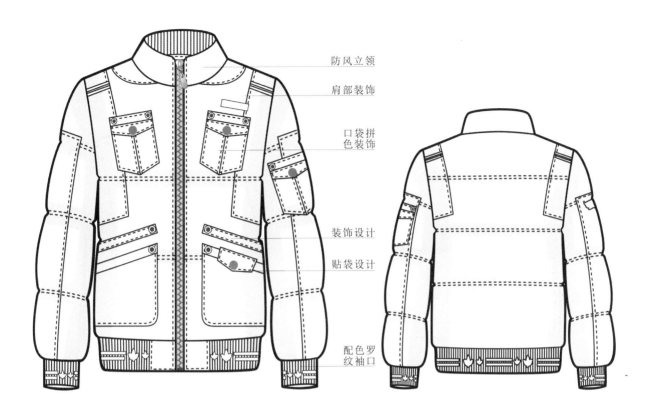

防风立领

肩部装饰

口袋拼
色装饰

装饰设计

贴袋设计

配色罗
纹袖口

挡风立领

拉链暗口袋

装饰
标带

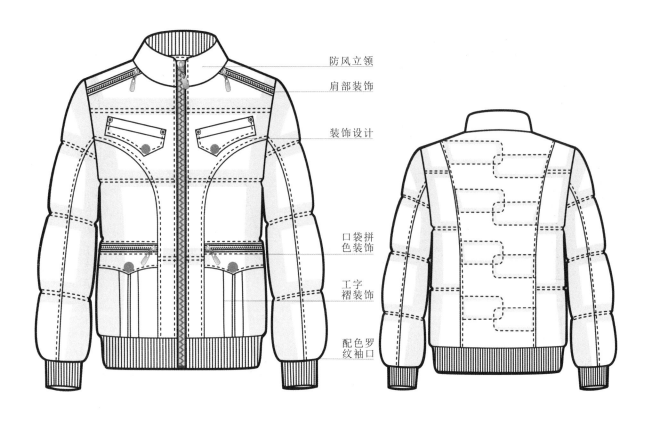

防风立领

肩部装饰

装饰设计

口袋拼
色装饰

工字
褶装饰

配色罗
纹袖口

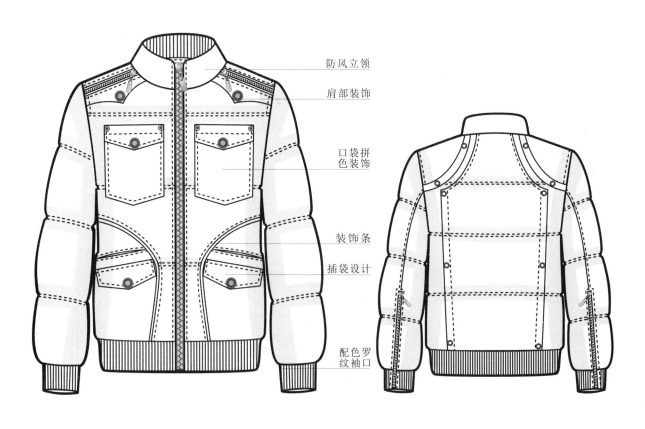

防风立领

肩部装饰

口袋拼
色装饰

装饰条

插袋设计

配色罗
纹袖口

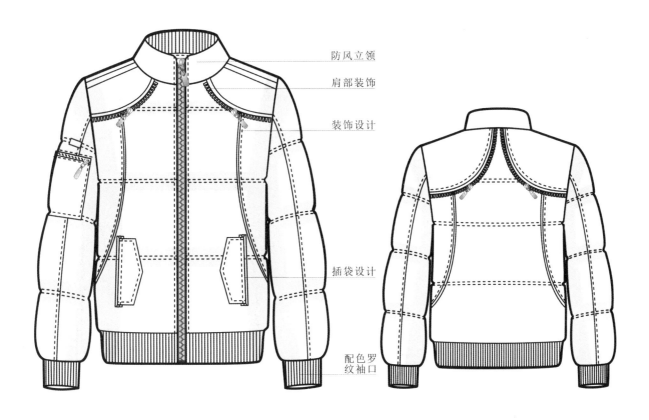

防风立领

肩部装饰

装饰设计

插袋设计

配色罗
纹袖口

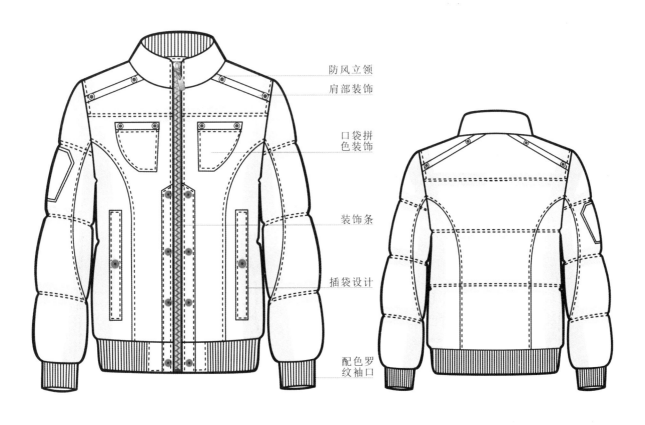

防风立领

肩部装饰

口袋拼
色装饰

装饰条

插袋设计

配色罗
纹袖口

防风立领

口袋拼
色装饰

插袋设计

配色罗
纹袖口

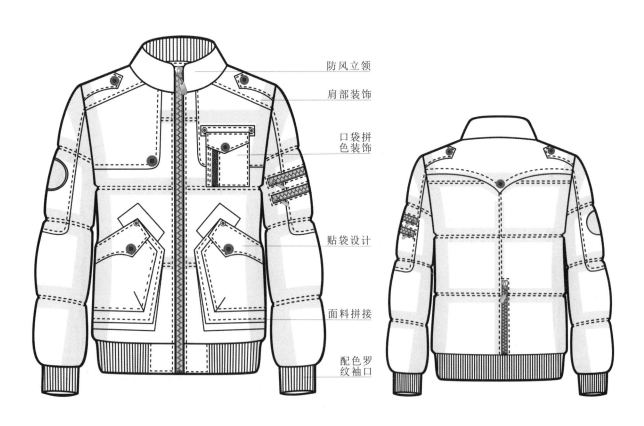

防风立领

肩部装饰

口袋拼
色装饰

贴袋设计

面料拼接

配色罗
纹袖口

可调式抽绳

单线袋

装饰袋

分割线

口袋

拼色条

插袋

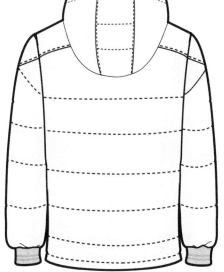

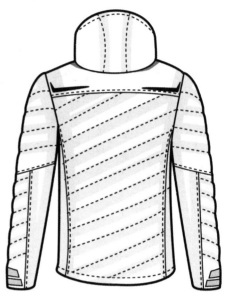

装饰拉链

面料拼接

防水拉链袋

魔术贴

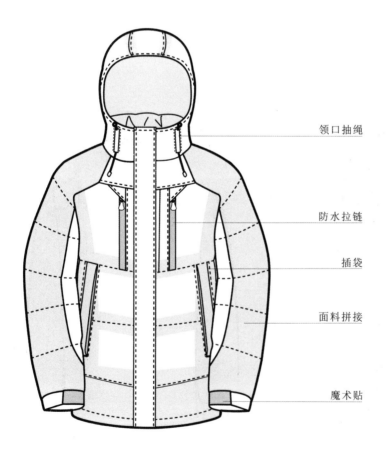
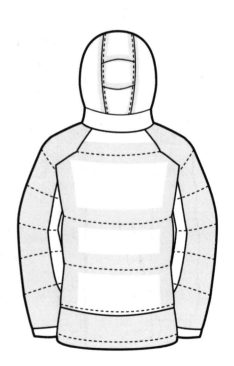

领口抽绳

防水拉链

插袋

面料拼接

魔术贴

面料拼色

防水胶拉链

防水胶拉链

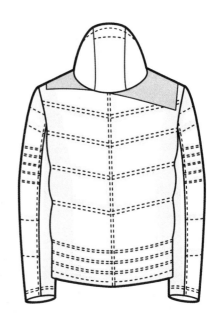

肩部拼色

拉链插袋

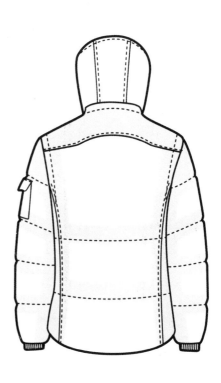

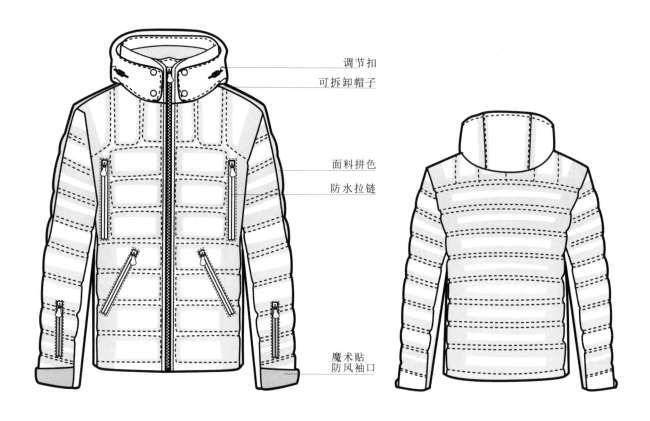

调节扣
可拆卸帽子

面料拼色
防水拉链

魔术贴
防风袖口

防风两用领

防水拉链

魔术贴

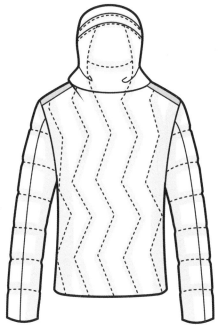

防风两用领

面料拼色

绗缝线设计

防水胶拉链

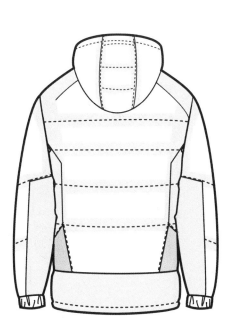

防水拉链

插袋

面料拼色

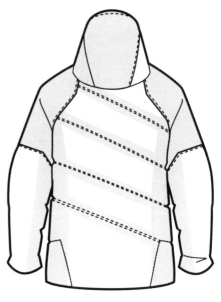

防水拉链

面料拼色

防水拉链

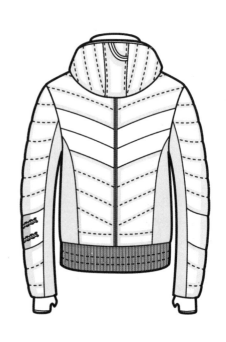

拼接

面料拼接

装饰拉链

拼接面料A

拼接面料B

拼接面料B

袋盖

拉链连帽立领

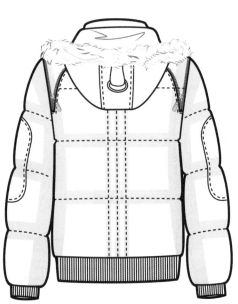

配色毛领

防风立领

装饰设计

金属
拉链袋

配色罗
纹袖口

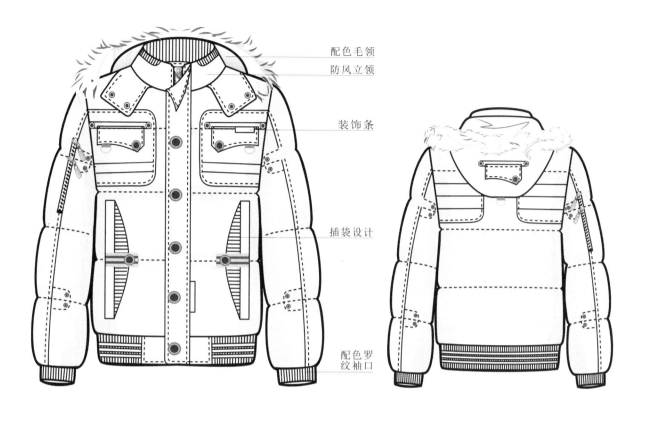

配色毛领

防风立领

装饰条

插袋设计

配色罗
纹袖口

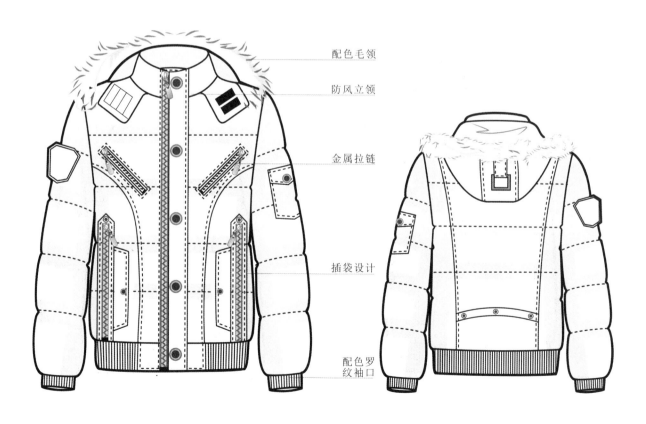

配色毛领

防风立领

金属拉链

插袋设计

配色罗
纹袖口

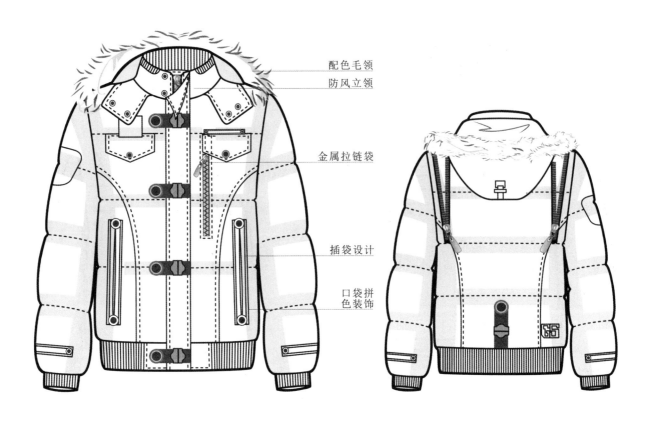

配色毛领
防风立领

金属拉链袋

插袋设计

口袋拼
色装饰

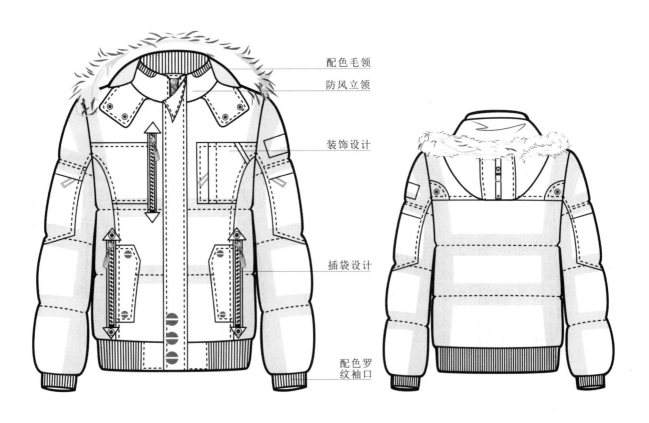

配色毛领
防风立领

装饰设计

插袋设计

配色罗
纹袖口

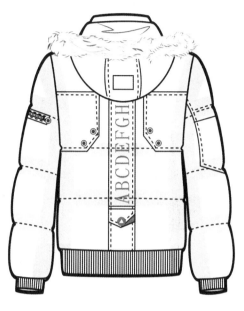

配色毛领

防风立领

口袋
拼色装饰

装饰条

配色
罗纹袖口

配色毛领

防风立领

口袋拼
色装饰

贴袋设计

袖口装饰

配色罗
纹袖口

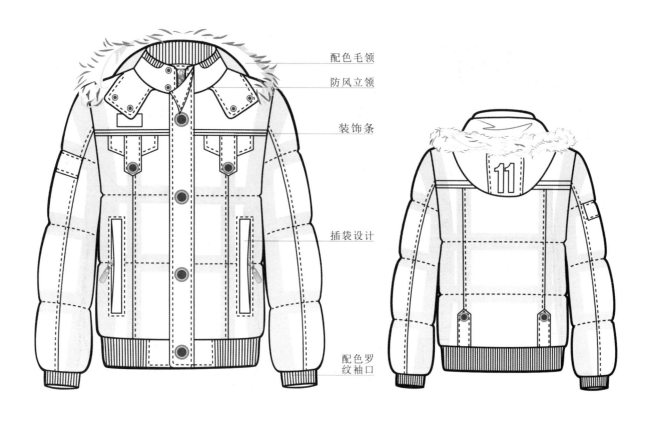

配色毛领

防风立领

装饰条

插袋设计

配色罗
纹袖口

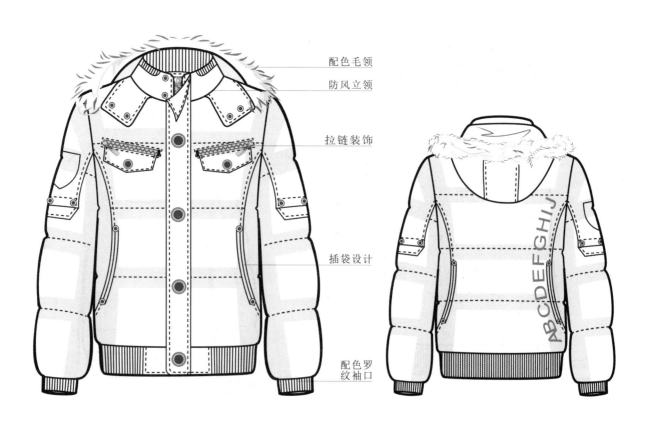

配色毛领

防风立领

拉链装饰

插袋设计

配色罗
纹袖口

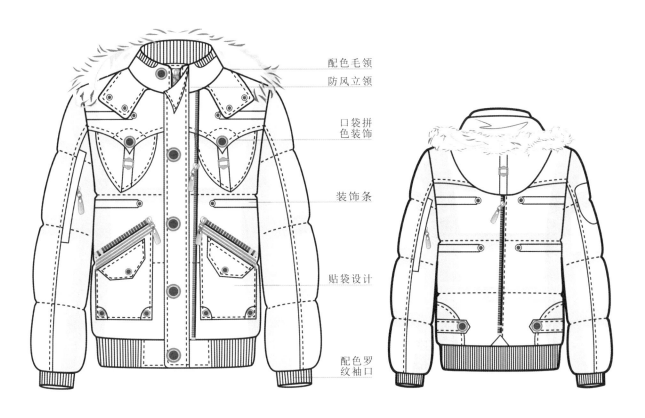

配色毛领

防风立领

口袋拼
色装饰

装饰条

贴袋设计

配色罗
纹袖口

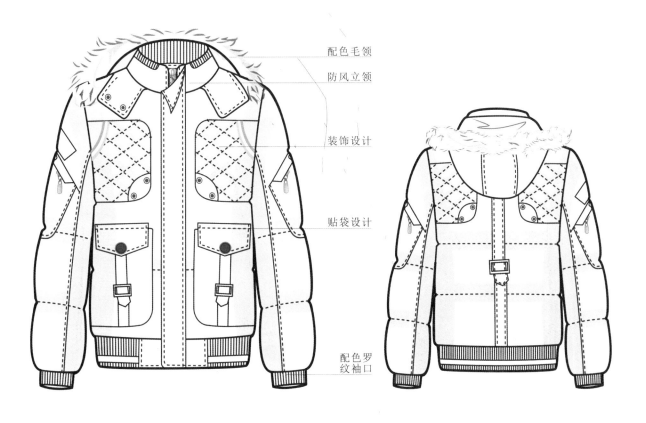

配色毛领

防风立领

装饰设计

贴袋设计

配色罗
纹袖口

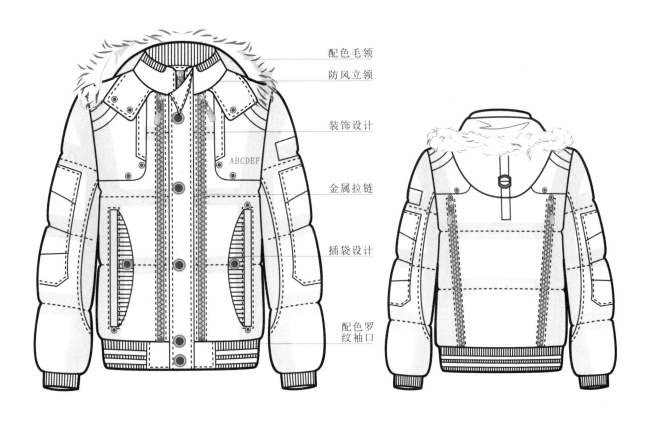

配色毛领

防风立领

装饰设计

ABCDEF

金属拉链

插袋设计

配色罗
纹袖口

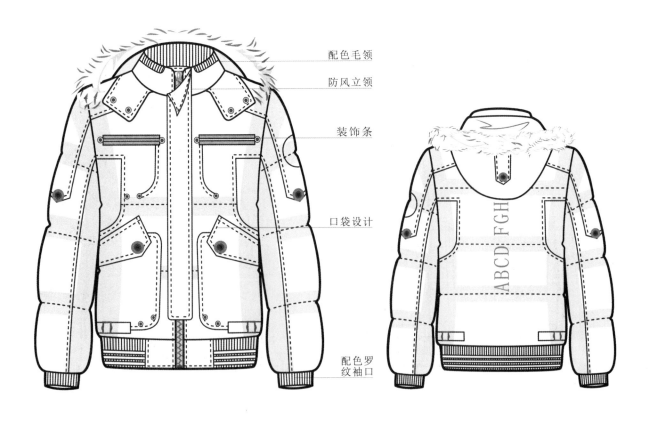

配色毛领

防风立领

装饰条

口袋设计

ABCD FGH

配色罗
纹袖口

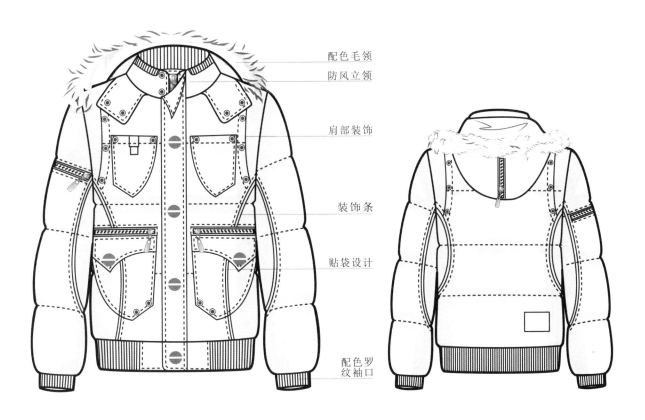

配色毛领
防风立领

肩部装饰

装饰条

贴袋设计

配色罗
纹袖口

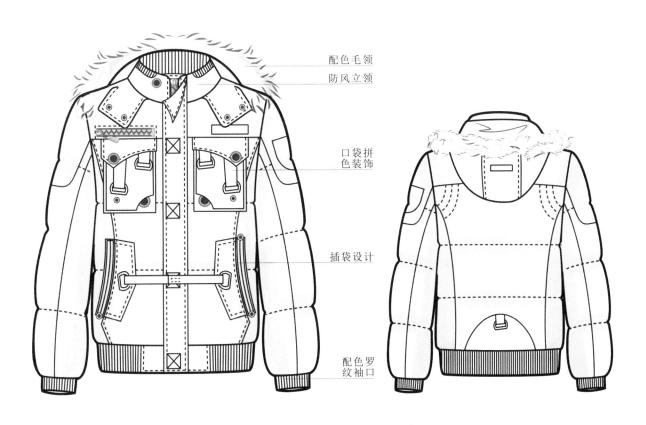

配色毛领
防风立领

口袋拼
色装饰

插袋设计

配色罗
纹袖口

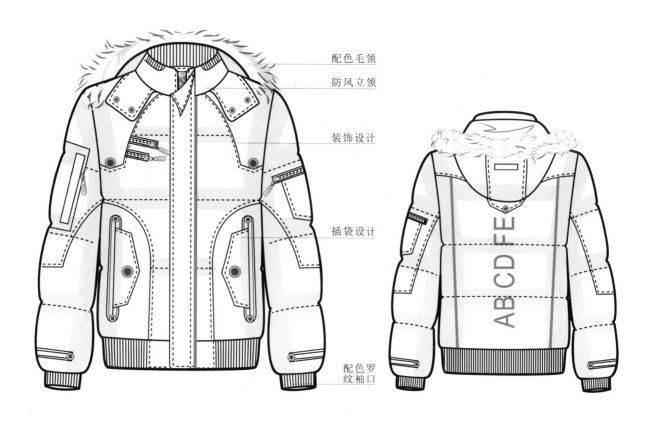

配色毛领

防风立领

装饰设计

插袋设计

配色罗
纹袖口

防风立领

口袋拼
色装饰

插袋设计

配色罗
纹袖口

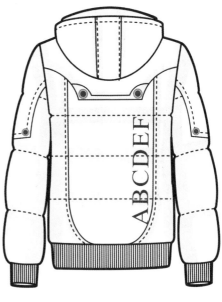

防风立领

装饰设计

拉链装饰

配色罗
纹袖口

防风立领

拉链装饰

口袋拼
色装饰

插袋设计

配色罗
纹袖口

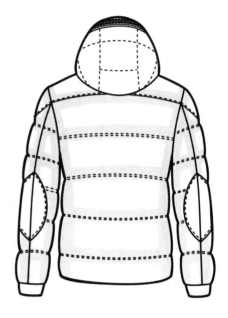

配色罗纹领

帽口抽绳

时尚分割线

装饰贴袋

斜插袋

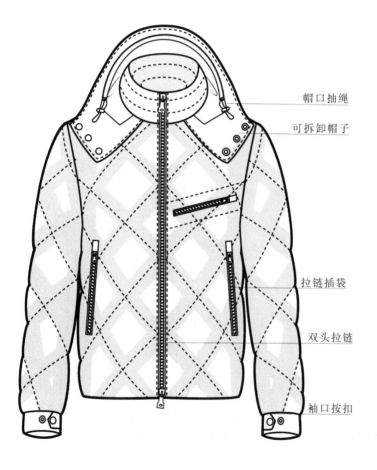
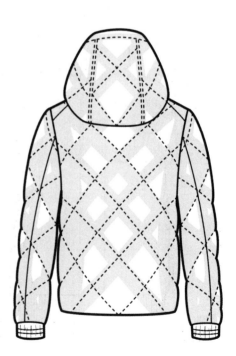

帽口抽绳

可拆卸帽子

拉链插袋

双头拉链

袖口按扣

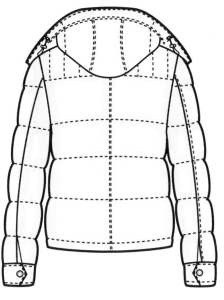

立领松紧扣

可拆卸帽子

贴袋

拉链袋

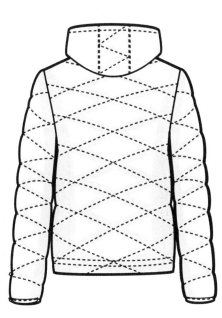

高领连帽

拉扣开襟

装饰贴袋

袖口包边

帽口抽绳

连帽立领

斜插袋

底摆抽绳

可拆卸帽子

双线拉链口袋

贴袋

可拆卸帽子

帽口包边

贴袋

拉链口袋

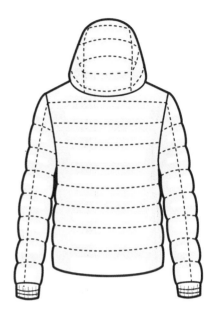

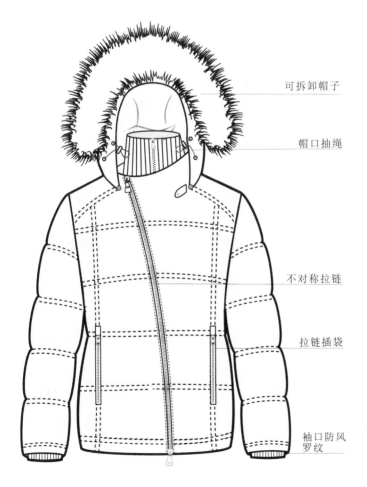

可拆卸帽子

帽口抽绳

不对称拉链

拉链插袋

袖口防风
罗纹

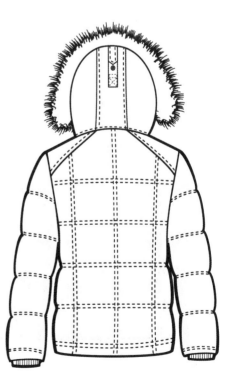

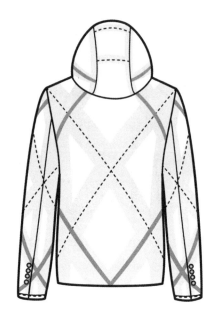

帽口抽绳

立领连帽

拉链包边

绗缝线

袖口包边

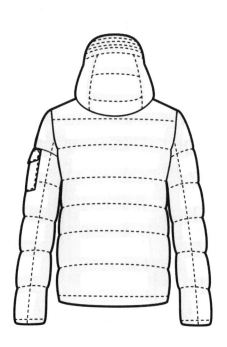

帽口绗缝

立领连帽

帽口抽绳

拉链插袋

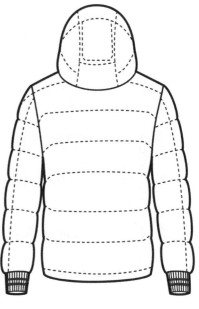

帽口嵌条

帽口抽绳

可拆卸立领连帽

贴袋

拉链插袋

袖口
配色罗纹

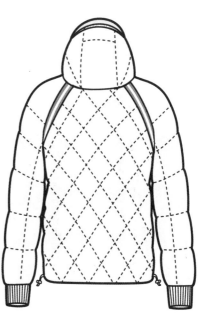

帽口拼接

罗纹领口

拉链插袋

下摆抽绳
袖口罗纹

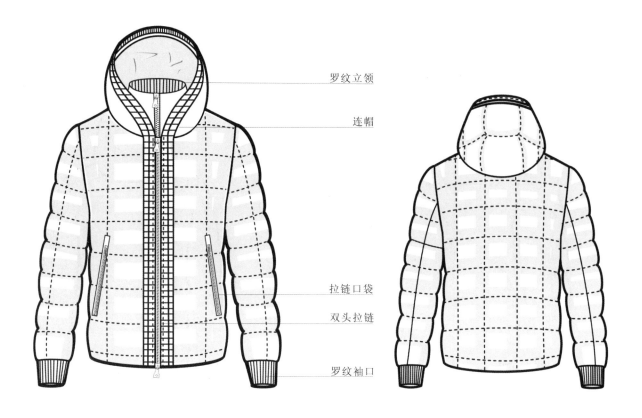

罗纹立领

连帽

拉链口袋

双头拉链

罗纹袖口

可拆卸帽子

帽口包边

拉链口袋

双头拉链

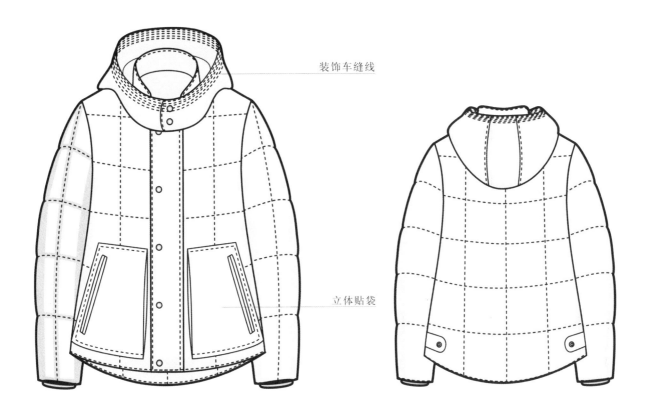

装饰车缝线

立体贴袋

装饰毛边

帽子绗线

袋盖

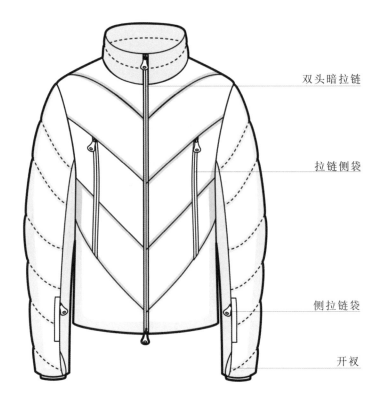
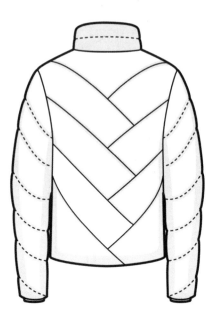

双头暗拉链

拉链侧袋

侧拉链袋

开衩

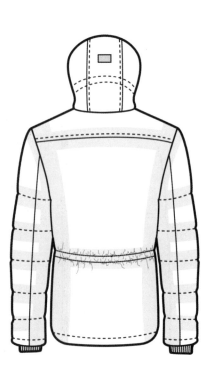

可调节抽绳

插袋

拉链插袋

立领拼色装饰

隐形拉链袋口

插袋

橡筋底摆

装饰拉链

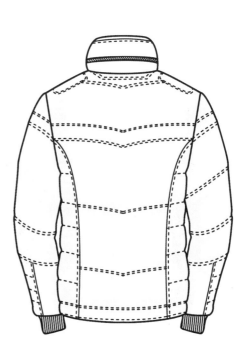

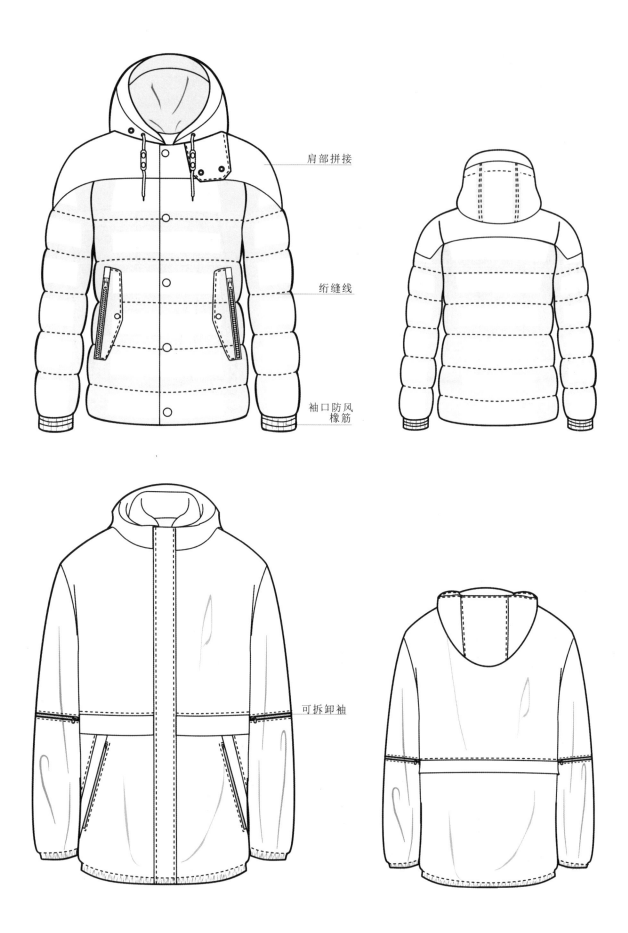

肩部拼接

绗缝线

袖口防风
橡筋

可拆卸袖

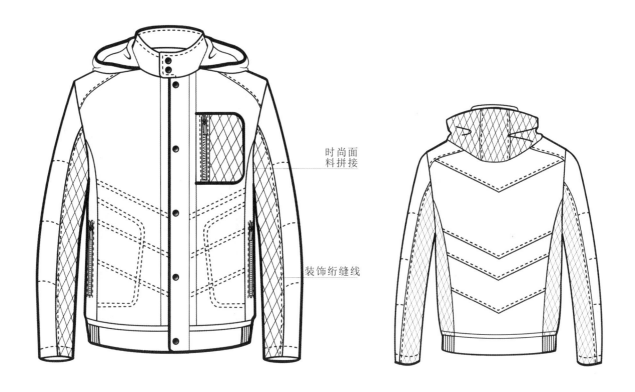

时尚面
料拼接

装饰绗缝线

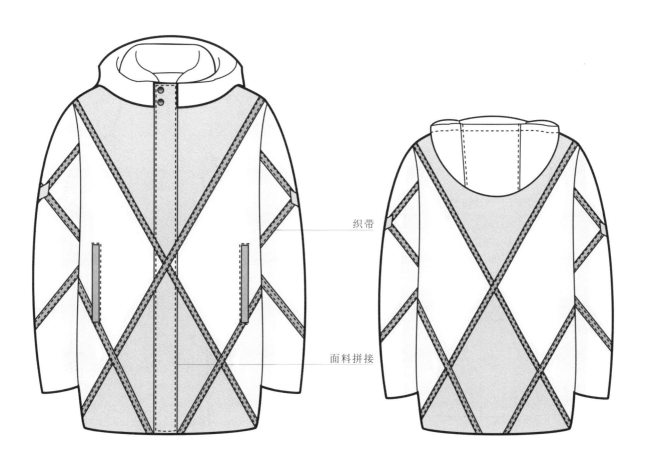

织带

面料拼接

可拆卸毛领

装饰拉链

贴袋装饰

前短后长设计

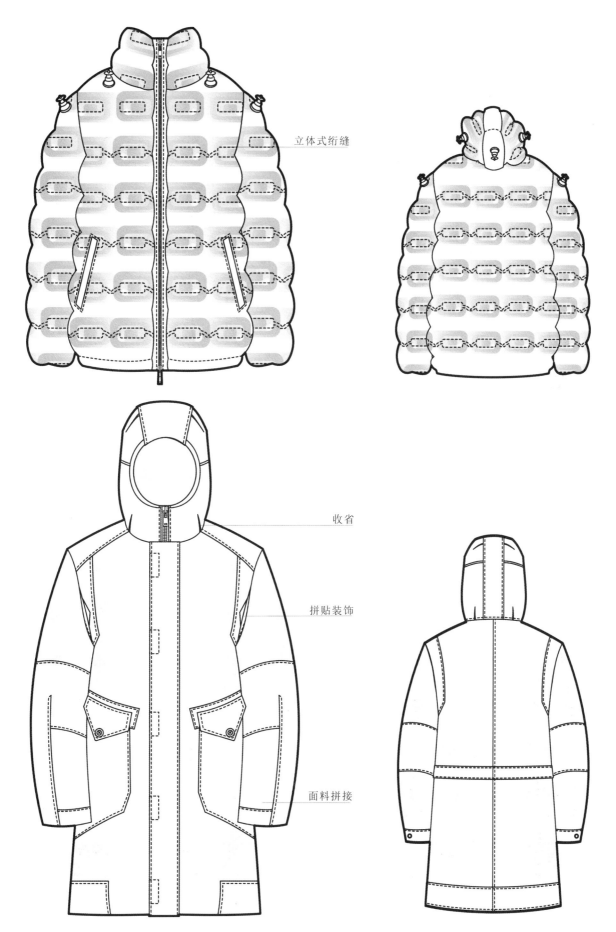

立体式绗缝

收省

拼贴装饰

面料拼接

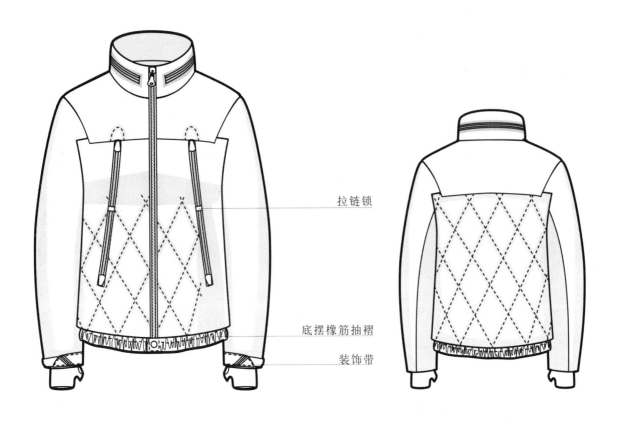

拉链锁

底摆橡筋抽褶

装饰带

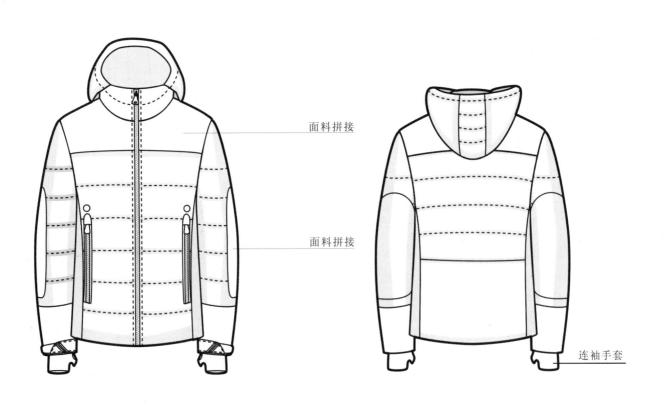

面料拼接

面料拼接

连袖手套

第四章

款式局部细节设计

夹克领部细节设计

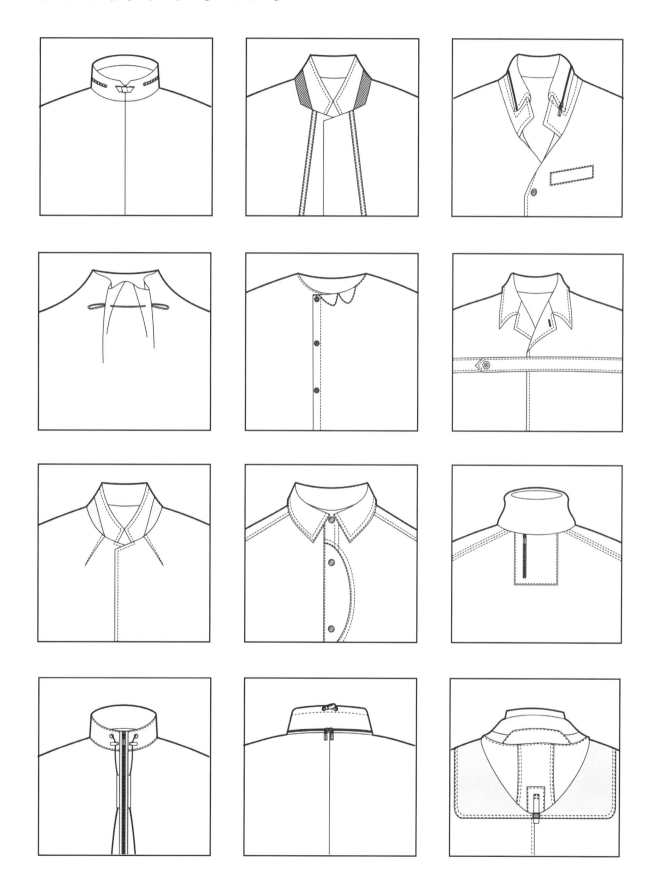

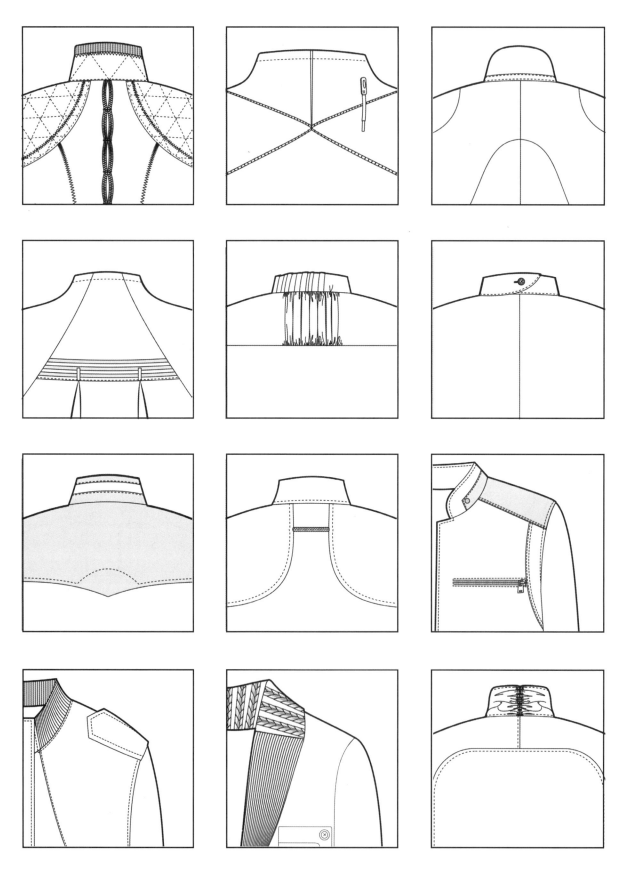

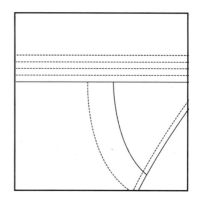

夹克口袋细节设计

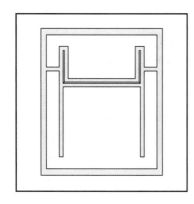

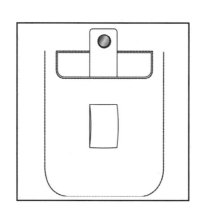

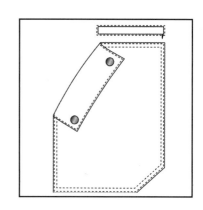

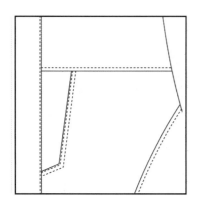

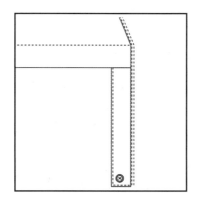

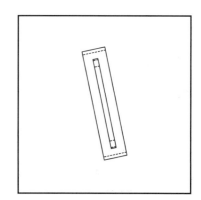

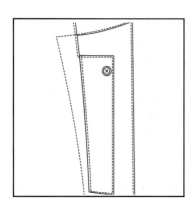

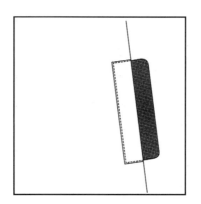

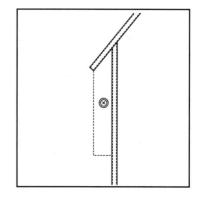

夹克袖口细节设计

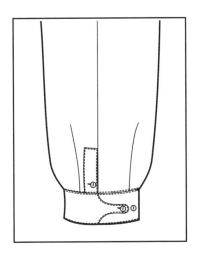 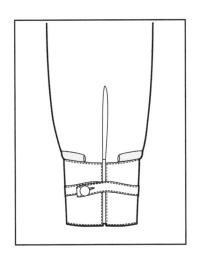

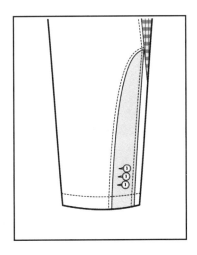 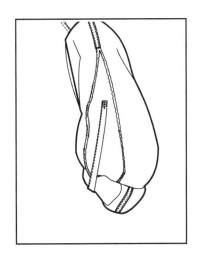

棉褛前片细节设计

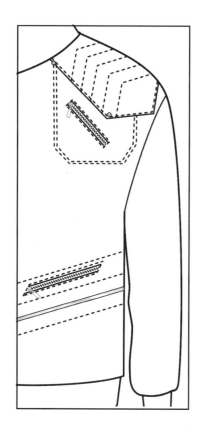

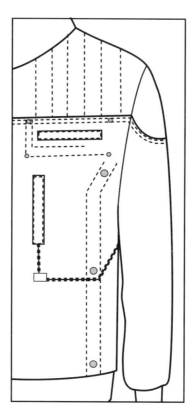

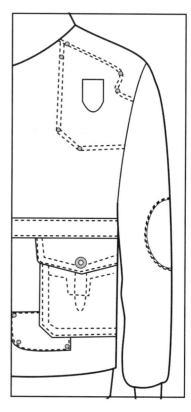

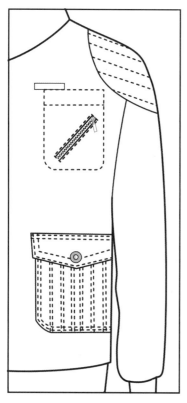

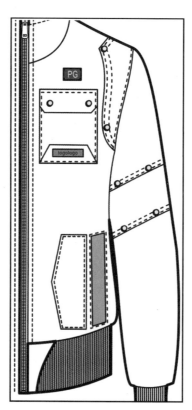

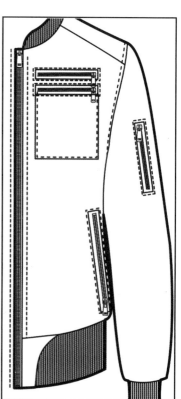

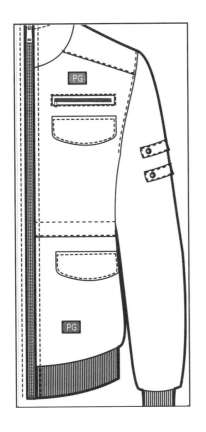
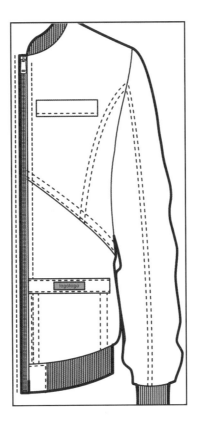
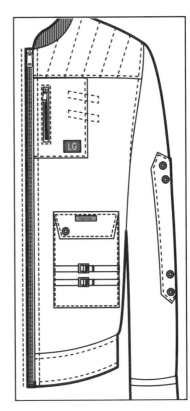
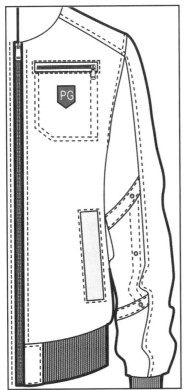
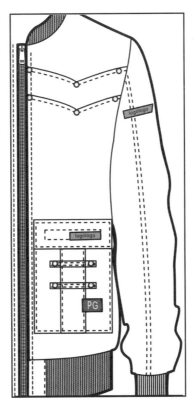
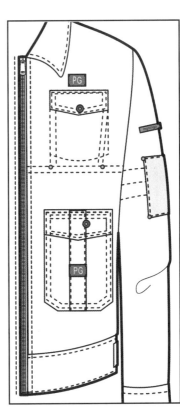

棉袄后片细节设计

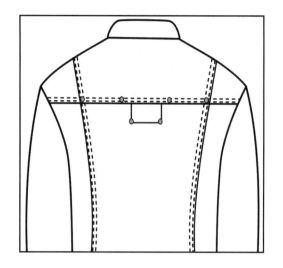
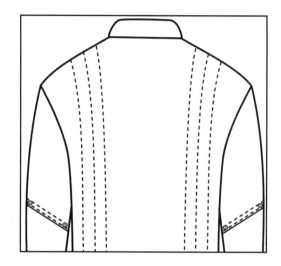

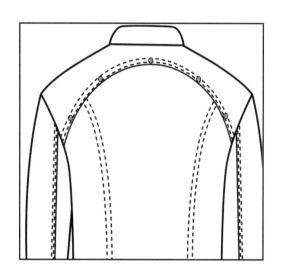
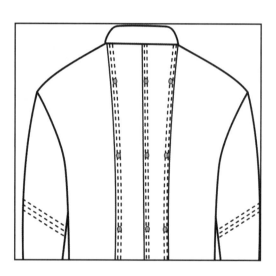

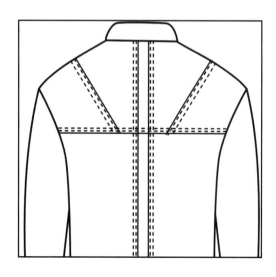
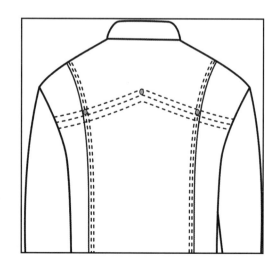

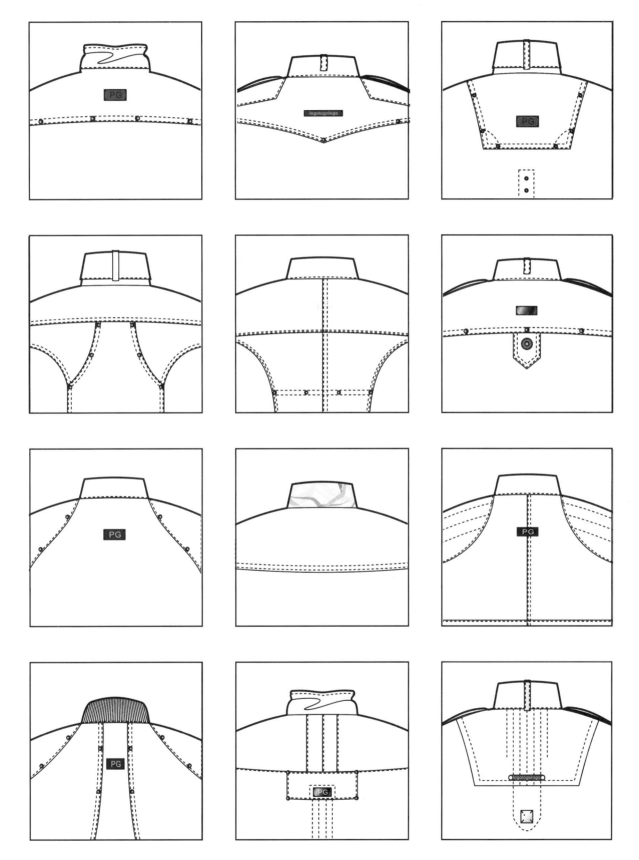

棉褛口袋细节设计

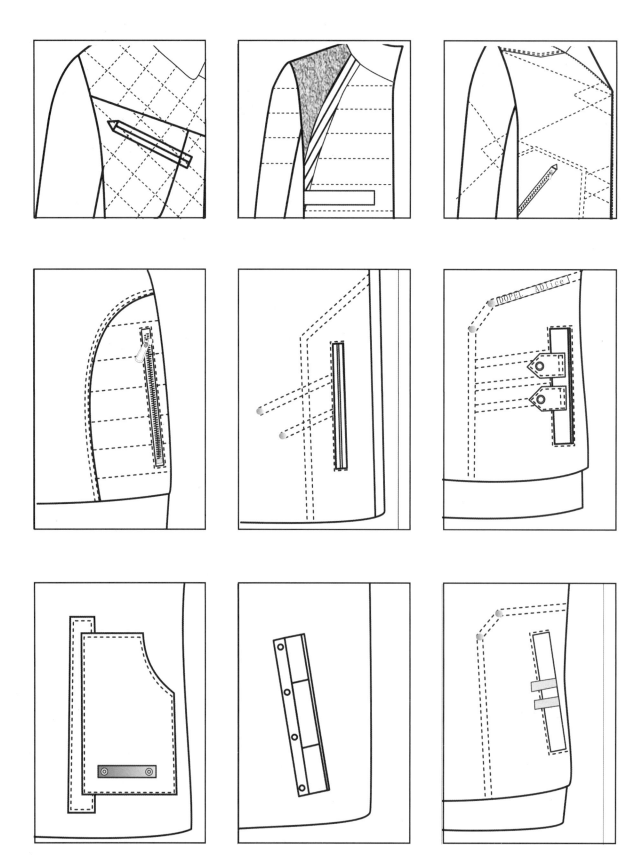

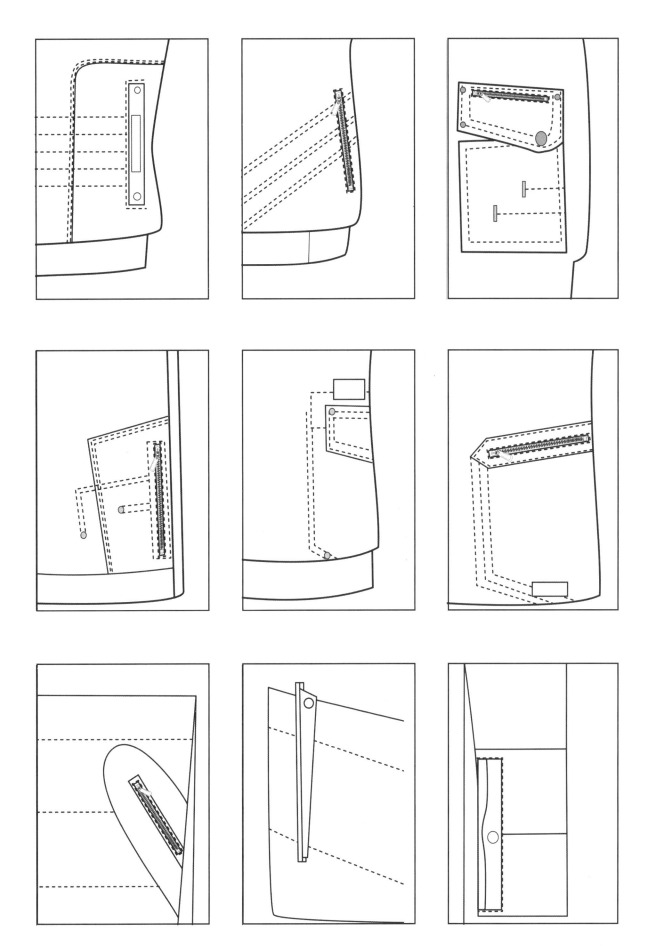

后　记

　　男装系列设计丛书是基于现代创作理念，在传统研究与时尚发展中的有机结合，它是主编陈贤昌、曾丽，编辑吴川灵、赵春园，著作人杨树彬、王银华、汤丽、贺金连、熊晓光、薛嘉雯、胡蓉蓉、何韵姿等共同努力的结晶。这一年多来我们不畏艰辛、不懈努力，执着、坚定但又乐在其中。在第一次集中研讨中，我们就达成了基本理念和统一了思想，正是基于这份美好与共识，我们开始了愉快和艰辛的创作历程。

　　中期阶段一次次的碰撞和争议，取长补短的探讨让整体设计与著写载入了更完美的设计思想。艰辛总是凝聚在黎明前的时刻，总体的设计特色与细节突破在睿智与坚韧不拔的创作中再一次见证了我们共同努力的成果，让著作的含金量不断提升。

　　后期阶段，也是著作最后完稿前，两位主编与两位编辑，一起探讨系列丛书的问题并确定了解决办法，并与八位著作人一起完善了每本著作的特点与内容，修订交稿。

　　男装系列设计丛书终于完美落幕！

　　我们希望能从这些作品中透析男装设计的精髓，让现代男装设计有一个章法可循的设计思路，为现代男装发展奠定优秀的设计基础。

　　《服装款式大系——男夹克·棉褛款式图设计800例》的顺利完成，还有赖于杨丽丽、冯爱平、李海萍、蓝栩冰、李玲琼、李慈妹、周学欣、李慈玲等同学协助绘图，衷心感谢你们的加入与共同努力，深表谢忱。